建筑安装工程施工工长口袋书

电气工长

王金富　主编

中国建筑工业出版社

图书在版编目(CIP)数据

电气工长/王金富主编. 一北京：中国建筑工业出版社，2008

(建筑安装工程施工工长口袋书)

ISBN 978-7-112-09964-1

Ⅰ.电…　Ⅱ.王…　Ⅲ.房屋建筑设备：电气设备—建筑安装工程—工程施工—基本知识　Ⅳ.TU85

中国版本图书馆 CIP 数据核字(2008)第 140608 号

建筑安装工程施工工长口袋书

电 气 工 长

王金富　主编

*

中国建筑工业出版社出版、发行（北京西郊百万庄）

各地新华书店、建筑书店经销

北京千辰公司制版

世界知识印刷厂印刷

*

开本：787×960 毫米　1/32　印张：8¼　字数：200 千字

2008 年 12 月第一版　2012 年 1 月第三次印刷

印数：3501–4500 册　定价：**19.00** 元

ISBN 978-7-112-09964-1

(16767)

本书是建筑安装工程施工工长口袋书9个分册中的1本。本分册主要介绍的是电气工长应掌握的技术知识与必备的资料。内容包括电气施工图基础，施工管理，施工技术，施工质量控制，电气安全知识，工程量与材料计算。

本分册适合从事建筑安装工程施工的技术人员使用，也可供科研、教学相关专业人士参考。

*　　*　　*

责任编辑：武晓涛
责任设计：赵明霞
责任校对：刘　钰　孟　楠

建筑安装工程施工工长口袋书

《电气工长》编写组

组织编写单位：北京建工集团培训中心

主　　编：王金富

参编人员（按姓氏笔画）：

王玲莉　孙　强　陆　岑

陈长华　钟为德　侯君伟

前言

本套系列图书是应广大建筑安装施工现场技术人员之需而编。共分9册，分别是模板工长、钢筋工长、混凝土工长、架子工长、装饰工长、防水工长、砌筑工长、水暖工长、电气工长，这9个分册基本涵盖了建筑安装施工现场主要的技术工种，均由北京建工集团培训中心组织编写。之所以叫口袋书，除了在装帧形式上采用如此小的开本方便技术人员在现场携带外，在内容的选取上也是力求简练实用，多数为现场人员必须掌握的技术知识和必备资料。编者希望这样的编写方式能对现场人员的工作带来真切的帮助。

本套系列图书在编写过程中参考了大量的有关参考文献，得到了许多同志的帮助，在此虽未一一列出，编者却由衷地表示感谢。限于编者的水平，书中若有不当或错误之处，热忱盼望广大读者指正，编者将不胜感激。

目　录

1 电气施工图基础

1.1 建筑电气工程图

1.1.1 建筑电气工程简介

建筑电气主要是以电能、电气设备和电气技术为手段，达到改善建筑环境、使之既节能又安全有效的目的。以提高人们的生活质量，来为我们人类服务。随着现代科技的迅猛发展，特别是近十年来电子计算机技术的广泛应用，建筑电气工程在建筑工程中所占比重也在迅速增加，地位和作用也越来越重要。

根据电气工程的功能，我们习惯把它分为强电和弱电工程。强电是电气工程中最基本的部分，像动力、照明等用的电能称为强电。而传播信号、进行信息交换的电能称为弱电，如电视、电话、综合布线系统、火灾报警与灭火控制系统、安全防范系统等。随着信息时代的到来，弱电工程在电气工程中所占位置越来越重要，未来的应用将更加广泛。

1.1.2 电气工程图的图幅

（1）图幅尺寸

1）幅面和图框尺寸，见表 1-1-1。

2）图纸的短边一般不应加长，长边可加长，但应符合表 1-1-2 的规定。

幅面及图框尺寸（mm）　　**表 1-1-1**

尺寸代号 \ 幅面代号	A0	A1	A2	A3	A4
$b \times l$	841×1189	594×841	420×594	297×420	210×297
c	10			5	
a	25				

注：1. 需要微缩复制的图纸，其一个边上应附有一段准确米制尺度，四个边上均附有对中标志，米制尺度的总长应为100mm，分格应为10mm。对中标志应画在图纸各边长的中点处，线宽应为0.35mm，伸入框内应为5mm。

2. 用于道路工程制图图幅中图框尺寸，其 c 值均为10mm；a 值当A0、A1、A2时为35mm，A3为30mm，A4为25mm。

图纸长边加长尺寸（mm）　**表 1-1-2**

幅面尺寸	长边尺寸	长边加长后尺寸
A0	1189	1486　1635　1783　1932　2080　2230　2378
A1	841	1051　1261　1471　1682　1892　2102
A2	594	743　891　1041　1189　1338　1486　1635　1783　1932　2080
A3	420	630　841　1051　1261　1471　1682　1892

注：有特殊需要的图纸，可采用 $b \times l$ 为 841mm×891mm 与 1189mm×1261mm 的幅面。

（2）图纸式样

图纸以短边作为垂直边称为横式，以短边作为水平边称为立式。一般 A0～A3 图纸宜横式使用；必要时，也可立式使用。

（3）标题栏与会签栏

标题栏与会签栏尺寸及要求，如图 1-1-1～图 1-1-5 所示。

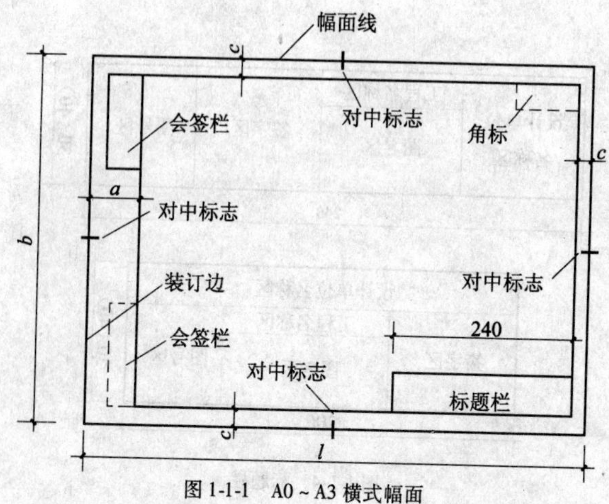

图 1-1-1　A0 ~ A3 横式幅面

（注：标虚线的会签栏和角标用于道路工程制图图框。）

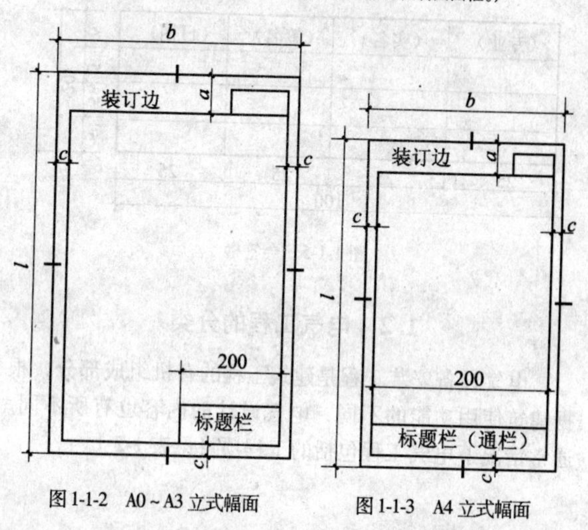

图 1-1-2　A0 ~ A3 立式幅面

图 1-1-3　A4 立式幅面

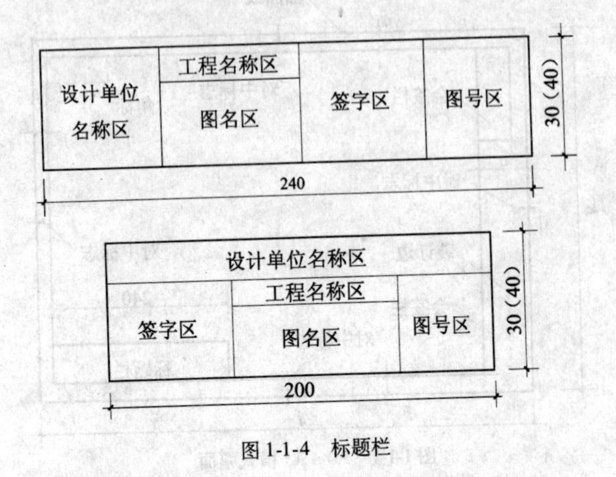

图 1-1-4　标题栏

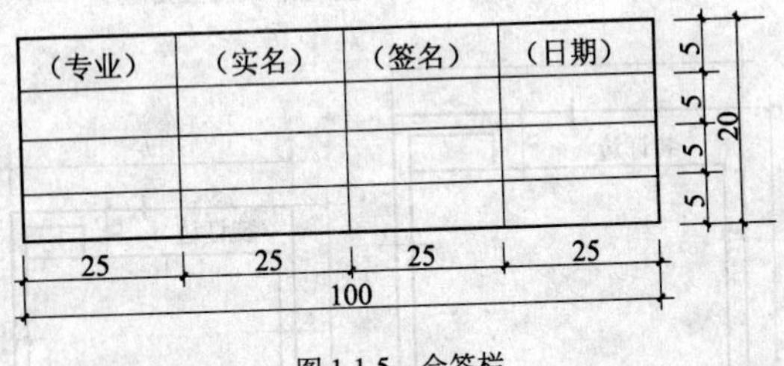

图 1-1-5　会签栏

1.2　电气工程的分类

电气设备安装工程是建筑工程的有机组成部分，根据建筑使用功能的不同，电气设计的内容也有所不同。通常情况下电气工程包括的工程项目见表 1-2-1。

电气工程分类　　表 1-2-1

项　目	内　　容
外线工程	室外电源供电线路图、架空电路线路图、电缆线路图
动力工程	各种风机、水泵、起重机、机床等动力设备
照明工程	照明灯具、各种插座及控制设备
变配电工程	电力变压器、室内外高低压配电装置
防雷接地工程	接闪器、引下线、接地极、接地线
智能建筑工程	通信系统、计算机网络系统、建筑设备监控系统、有线电视系统、楼宇安全防范系统

1.3 电气工程图的阅读

阅读建筑电气工程图要掌握电气图的基本知识，包括通用画法、图形符号、文字标注方法和建筑工程图的特点，同时再掌握一定的阅读方法，总结其规律性的部分，理解设计人的思路，以完成读图的目的。

(1) 图纸目录

了解项目的内容、设计日期、图纸数量和工程名称及内容。

(2) 总说明

了解工程概况、设计依据、供电方式、电压等级、线路敷设方法及图纸所含内容、设备安装、与图纸有关的参考资料来源。

(3) 系统图

表现整个工程的供电方案与供电方式、主要电气元件的连接及规格、型号、参数等。

（4）平面图

表示该项工程各电气设备的安装位置、线路敷设部位、敷设方法及所用导线规格、型号，是电气安装工程施工的重要依据。

（5）电气原理图

表示某一具体设备的工作原理，用来指导该项设备的安装和控制系统的调试。

（6）安装接线图

了解设备的布置与接线，它是与电气设备原理图相互对照的一种图样。

（7）大样图

安装大样图是用来详细表示设备安装方法的图纸，一般多采用施工标准图集。

1.4　图例符号和文字标注

（1）建筑电气工程图一般采用统一图例符号，并加文字标注绘制而成。如图 1-4-1 所示。

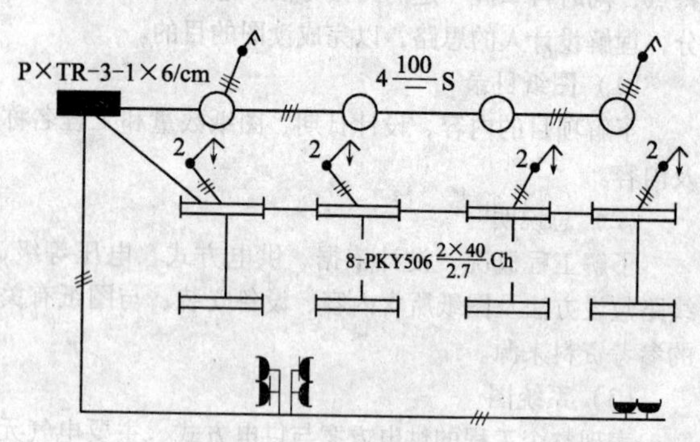

图 1-4-1　照明平面图局部

照明灯具在平面图上的表示方法往往用图例符号和文字标注。具体格式如下

$$a-b\frac{c\times dL}{e}f \quad (1\text{-}4\text{-}1)$$

式中 a——某一场所同类型照明器的数量；

b——灯具类型代号；

c——照明器内安装光源数量；

d——光源的功率；

e——照明器底部距本层楼地面的安装高度（m）；

f——安装方式代号；

L——光源种类。

（2）电气工程图图例标注只表示电气线路的接线原理和接线，不能准确表示用电设备和元件安装的准确位置和形状。

（3）为了能读懂电气工程图，施工人员必须熟记各电气设备和元件的图例符号和文字标注表示方法。读图时结合设计说明、系统图、平面图等，根据有关安装施工规范及施工标准图集，理清思路，认真阅读，以利于利用图纸更好地指导施工。

（4）电气工程图常用图例符号及文字标注

电气工程常用图例符号及文字标注见表1-4-1～表1-4-3。

表1-4-1

国标序号	图形符号	名称及说明	备注
11-15-01	▭	屏、台、箱、柜一般符号	画于墙外为明装，距地一般1.8m
11-15-02	⬓	电力或电力-照明配电箱	

续表

国标序号	图形符号	名称及说明	备注
11-15-04		照明配电箱（屏）	
11-15-05		应急照明配电箱（屏）	画于墙内为暗装，距地一般1.4m
11-15-06		多种电源配电箱（屏）	
11-15-07		电源自动切换箱（屏）	
11-16-09 11-16-10 11-16-12		按钮盒 一般型及保护型 密闭型、防爆型 带指示灯型	点数应符合按钮数目
08-02-01	V A W	V——电压表 A——电流表 W——功率表	$\cos\varphi$——功率因数表 φ——相位表 n——转速表 ±——极性表 H_g——频率表
08-04-03 08-04-15	Wh varh	Wh——有功电能表 varh——无功电能表	
11-18-19		电信插座一般符号	可用文字或符号加以区别 TP 电话；TV 电视；TX 电传；M 传声器；FM 调频

续表

国标序号	图形符号	名称及说明	备注
08-10-01 08-10-02	(1) (2)	(1) 灯一般符号 信号灯一般符号 (2) 闪光型信号灯	(1) 灯的颜色标注（在符号旁） RD 红; BU 蓝; YE 黄; GN 绿; WH 白 (2) 灯的类型标注（在符号旁） Xe 氙; Na 钠; Hg 汞; I 碘; IN 白炽; FL 荧光; Ne 氖; EL 电发光; ARC 弧光; LED 发光二极管
11-19-02 11-19-03	(1) (2)	(1) 投光灯一般符号 (2) 聚光灯	
11-19-05 11-19-06	(1) (2)	(1) 示出配线照明的引出线位置 (2) 在墙上的照明引出线	示出配线向左边
11-19-07 11-19-08	(1) (2)	(1) 荧光灯一般符号 (2) 三管荧光灯	

续表

国标序号	图形符号	名称及说明	备注
11-18-02 11-18-03 11-18-04 11-18-05	(1) (2) (3) (4)	(1) 单相插座 (2) 暗装 (3) 密闭（防水） (4) 防爆	明装一般距地1.8m 暗装一般距地0.3m
11-18-06 11-18-10	(1) (2)	(1) 带保护接点插座（单相三极） (2) 带接地插孔的三相插座（三相四极）	暗装、密闭、防爆的半圈内表示方法同上
11-18-21	(1) (2)	(1) 带熔断器的三极插座 (2) 暗装	
11-18-14	(1) (2)	(1) 插座箱（板） (2) 熔断器箱（盒）	画于墙内为暗装
11-18-22 11-18-35 11-18-36	(1) (2) (3)	(1) 灯开关一般符号 (2) 单极拉线开关 (3) 单极双控拉线开关	平面图表示一般距地2~3m
11-18-23 11-18-24 11-18-25 11-18-26	(1) (2) (3) (4)	(1) 单极开关 (2) 暗装 (3) 密闭（防水） (4) 防爆	暗装一般距地1.3m

续表

国标序号	图形符号	名称及说明	备注
11-18-27 11-18-31	(1) (2)	(1) 双极开关（单极双位开关） (2) 三极开关（单极三位开关）	暗装、密闭、防爆的半圈内表示方法同上
11-18-38	(1) (2)	(1) 双控开关（单相三线） (2) 暗装	
07-02-01 07-13-02 07-13-03	(1) (2) (3)	(1) 开关一般符号 (2) 多极开关一般符号 (3) 多极开关	(1) 本符号也可以作动合（常开）触点符号 (2) 单线表示（短线表示极数） (3) 多线表示
07-13-07 07-21-07 07-21-09	(1) (2) (3)	(1) 断路器 (2) 熔断器式开关 (3) 熔断器式隔离开关	
07-13-08 07-13-10 07-21-06	(1) (2) (3)	(1) 隔离开关 (2) 负荷开关（负荷隔离开关） (3) 跌开式熔断器	

续表

国标序号	图形符号	名称及说明	备注
07-21-01		熔断器一般符号	
		电阻器一般符号	
11-06-01 11-06-02	(1) (2)	(1) 向上配线 (2) 向下配线	
		垂直通过配线	
11-06-03	(1)(2)(3)(4)	(1) 由下引来配线 (2) 由上引来配线 (3) 由上引来向下引去配线 (4) 由下引来向上引去配线	
11-B1-02		架空电话交接箱	通信用
11-B1-03		落地电话交接箱	
11-B1-04		壁龛电话交接箱（墙嵌式）	
11-B1-05		墙挂式电话交接箱	

续表

国标序号	图形符号	名称及说明	备注
11-B1-05 11-B1-06 11-B1-07	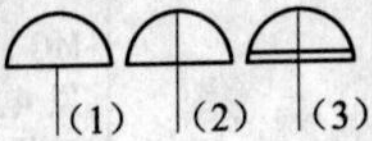 (1) (2) (3)	（1）分线盒一般符号 （2）室内分线盒 （3）室外分线盒	可加注$\frac{A-B}{C}D$ A——编号； B——容量； C——线序； D——用户数
08-10-06 08-10-10 08-10-05	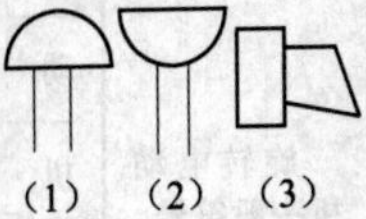 (1) (2) (3)	（1）电铃一般符号 （2）蜂鸣器 （3）电喇叭	
07-07-02	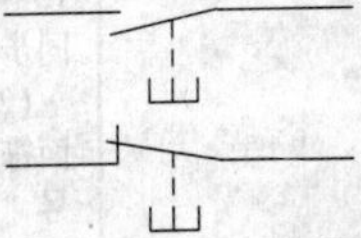	按钮开关动合触点 按钮开关动断触点	
11-16-03 11-16-04	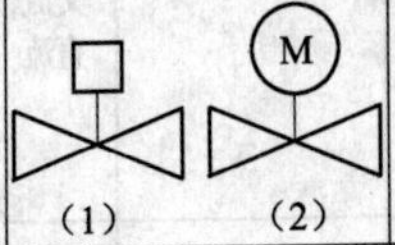 M (1) (2)	（1）电磁阀 （2）电动阀	
07-05-01	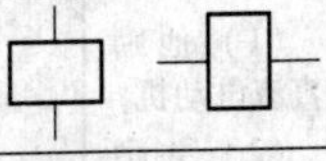	操作器件线圈一般符号	
07-15-12	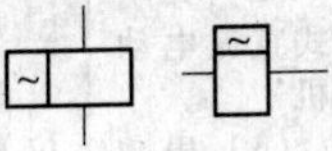 ~ ~	交流继电器的线圈	
06-04-01	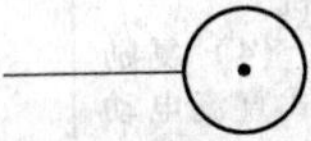	旋转电动机一般符号	（1）圆圈内“·”必须用下面字母代替：C——同步变流机，G——发电机，GS——同

续表

国标序号	图形符号	名称及说明	备注
06-04-01	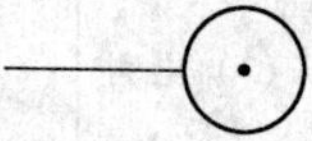 (图形符号)	旋转电动机一般符号	步发电机，M——电动机，MG——能作发电机或电动机的电机，MS——同步电动机，SM——伺服电动机，TG——调速发电机，TM——力矩电动机，TS——感应同步器 （2）可在上面符号下加符号“～”——交流，“－”——直流
06-05-03 06-05-02 06-05-01 06-05-04	 (图形符号) (1) (2) (3) (4)	（1）他励直流电动机 （2）并励式直流电动机 （3）串励式直流电动机 （4）复励式直流电动机	绕组放置位置不作规定

续表

国标序号	图形符号	名称及说明	备注
06-05-06	M	永磁直流电动机	
06-08-01 06-08-03	(1) M 3~ (2) M 3~	(1) 三相笼式异步电动机 (2) 三相线绕转子异步电动机	
07-22-03	(1) (2) (3)	(1) 避雷器 (2) 管形避雷器 (3) 阀型避雷器、磁吹避雷器	
11-B1-14 11-B1-15 11-B1-16	(1) (2) (3)	(1) 自动开关箱 (2) 刀开关箱 (3) 熔断器式刀开关箱	
11-18-39 11-18-45 11-18-40	(1) (2) (3)	(1) 具有指示灯的开关 (2) 钥匙开关 (3) 多拉开关	如用于不同照度

续表

国标序号	图形符号	名称及说明	备注
07-13-04 07-02-03		动合触点（常开） 动断触点（常闭）	在非动作位置触点断开 在非动作位置触点闭合
07-05-02 07-05-04 07-05-09 07-05-05 07-05-08		延时闭合瞬间断开的动合触点 延时断开瞬间闭合的动合触点 延时闭合延时断开的动合触点 瞬间断开延时闭合的动断触点 瞬间闭合延时断开的动断触点	
07-05-09		延时断开延时闭合的动断触点	
07-13-04 07-13-06		接触器动合触点 接触器动断触点	在非动作位置触点断开 在非动作位置触点闭合

续表

国标序号	图形符号	名称及说明	备注
07-09-01 07-02-01		温度控制触点	
02-14-07 07-2-01		压力控制触点	
02-14-01		液位控制触点	
07-13-04 07-20-02		接近开关触点	
07-08-01		机械联动开关动合触点	
07-08-02		机械联动开关动断触点	
10-04-01		天线(VHF、UHF、FM 频段用)	
10-15-01		放大器一般符号	
11-10-04		具有反向通路的放大器	
4. 3		带自动增益/或自动斜率控器的放大器	

续表

国标序号	图形符号	名称及说明	备注
11-10-01		桥接放大器（示出三路支线或分支输出）	（1）其中标有小圆点的一端输出电平较高 （2）符号中，支线与分支线可按任意适当角度画出
11-10-02	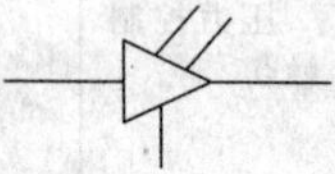	干线桥接放大器（示出三路支线输出）	
11-11-01	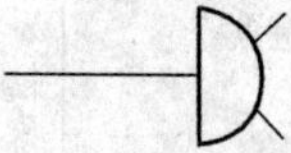	二分配器	
11-11-02	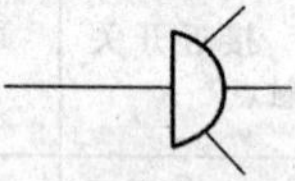	三分配器	
6.3	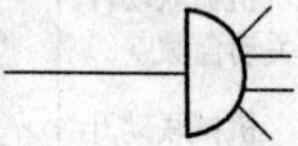	四分配器	
11-12-01	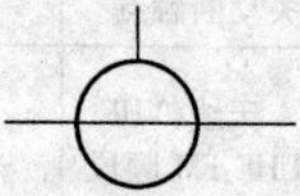	用户一分支器	（1）圈内允许不画直线而标注分支量 （2）当不会引起混淆时，用户线可省去不画 （3）用户线可按任意适当角度画出
7.3	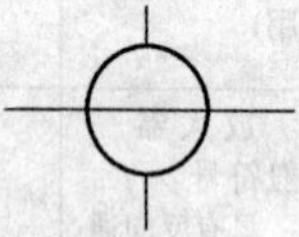	用户二分支器	
7.4	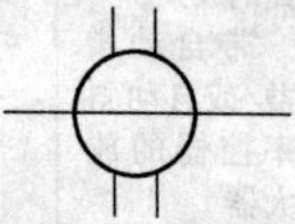	用户四分支器	

续表

国标序号	图形符号	名称及说明	备注
11-12-02		系统出线端	
11-12-03		串接式系统输出口	
7.7		具有一路外接输出口的串接式系统输出口	
11-13-01		固定均衡器	
11-13-02		可调均衡器	
10-16-01		固定衰减器	
10-16-02		可调衰减器	
10-19-01		调制器、解调器一般符号	(1)使用本符号应根据实际情况加输入线、输出线 (2)根据需要允许在方框内或外加注定性符号
9.2	V S ≈ ≈	电视调制器	
9.3	≈ ≈ V S	电视解调器	
02-17-10 10-14-02	n_1 n_2	频道变换器(n_1为输入频道,n_2为输出频道)	n_1和n_2可以用具体频道数字代替

续表

国标序号	图形符号	名称及说明	备注
10-13-02	G ~ *	正弦信号发生器	星号（*）可用具体频率数字代替
10-08-26		匹配电阻	
11-14-01		线路供电器（示出交流型）	
11-14-03		电源插入器	
10-16-04		高通滤波器	
10-16-05		低通滤波器	
10-16-06		带通滤波器	
10-16-07		带阻滤波器	
		报警启动装置	
	W	感温探测器	W——定温探测器 WC——差温探测器 WCD——差定温组合式探测器

续表

国标序号	图形符号	名称及说明	备注
	Y	感烟探测器	YIZ——离子感烟探测器 YGD——光电感烟探测器 YDR——电容感烟探测器
	G	感光探测器（火焰探测器）	矩形框内符号表示 GZW——紫外火焰探测器 GHW——红外火焰探测器
	YHS（1） YHS（2）	红外光束感烟探测器	（1）发射部分 （2）接收部分
	Q	可燃气体探测器	QQB——气敏半导体可燃气体探测器 GHW——红外火焰探测器
	（1） Q（2）	（1）火灾报警装置 （2）火灾报警控制器	
	* a/b	火灾报警控制器	（1）a——型号，b——容量（路数） （2）框内＊号的符号意义

续表

国标序号	图形符号	名称及说明	备注
	* a/b	火灾报警控制器	无：单路；B-Q 区域；B-J 集中；B-T 通用；TB 火灾探测-报警控制器 火灾显示盘
	DY * a/b c	专用火警电源	(1) a——型号，b——输出电压，c——容量 (2) 框内 * 号的符号意义 - 直流；~ 交流；≃ 交直流
	(1) (2) (3) (4) (5) (6)	(1) 火灾警报装置 (2) 报警电话 (3) 火灾警报器 (4) 火警电铃 (5) 火显示器（光信号） (6) 紧急事故广播	
		手动火灾报警按钮	

续表

国标序号	图形符号	名称及说明	备注
		风扇调速开关	
07-14-01 07-14-06	(1) (2)	(1) 电动机启动器一般符号 (2) 星—三角形启动器	特殊类型启动器可以在一般符号内加上限定符号
11-B1-19 11-B1-20 11-B1-21	(1) (2) (3)	(1) 深照型灯 (2) 广照型灯（配照型灯） (3) 防水防尘灯	
11-B1-22 11-B1-23 11-B1-24	(1) (2) (3)	(1) 深照型灯 (2) 局部照明灯 (3) 矿山灯	
11-B1-25 11-B1-26 11-B1-27	(1) (2) (3)	(1) 安全灯 (2) 隔爆灯 (3) 顶棚灯	
11-B1-28 11-B1-29 11-B1-30	(1) (2) (3)	(1) 花灯 (2) 弯灯 (3) 壁灯	

续表

国标序号	图形符号	名称及说明	备注
11-19-10		防爆荧光灯	
11-19-11 11-19-12 11-19-13	(1) (2) (3)	(1) 在专用电路上的事故照明灯 (2) 自带电源的事故照明灯装置(应急灯) (3) 气体放电灯的辅助设备	仅用于辅助设备与光源不在一起时
11-19-03 11-19-04	(1) (2)	(1) 聚光灯 (2) 泛光灯	
11-18-15	3	多个插座(示出三个)	
11-18-16 11-18-17	(1) (2)	(1) 具有护板的插座 (2) 具有单极开关的插座	
11-18-18 11-18-19	(1) (2)	(1) 具有连锁开关的插座 (2) 具有隔离变压器的插座	如电动剃须刀用的插座

续表

国标序号	图形符号	名称及说明	备注
11-17-01 11-17-02	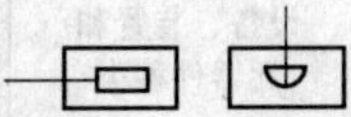 (1) (2)	(1) 电阻加热装置 (2) 电弧炉	
11-17-03 11-17-04	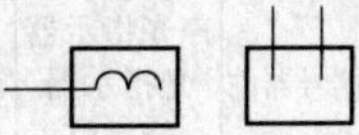 (1) (2)	(1) 感应加热炉 (2) 电解槽或电镀槽	
11-17-05 11-17-06	(1) (2)	(1) 直流电焊机 (2) 交流电焊机	
11-17-08 11-17-09	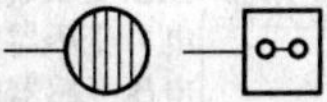 (1) (2)	(1) 热水器（示出引线） (2) 风扇一般符号（示出引线）	

电气技术中的基本文字符号制订通则　表 1-4-2

<table>
<tr><th colspan="2" rowspan="2">设备、装置和元器件种类</th><th colspan="2">基本文字符号</th><th colspan="2" rowspan="2">设备、装置和元器件种类</th><th colspan="2">基本文字符号</th></tr>
<tr><th>单字母符号</th><th>双字母符号</th><th>单字母符号</th><th>双字母符号</th></tr>
<tr><td>部件组件</td><td>电桥
晶体管放大器
集成电路
放大器
磁放大器</td><td>A</td><td>AB
AD
AJ
AM</td><td>发生器
电源</td><td>同步发电机
异步发电机
蓄电池</td><td>G</td><td>GS
GA
GB</td></tr>
</table>

续表

设备、装置和元器件种类		基本文字符号 单字母符号	基本文字符号 双字母符号
非电量到电量变换器或电量到非电量变换器	送话器 扬声器 压力变换器 位置变换器 温度变换器 速度变换器	B	BP BQ BT BV
电容器	电容器	C	
其他元器件	发热器件 照明灯空气 调节器	E	EH EL EV
保护	避雷器 熔断器 限压保护器件	F	FU FV
测量设备试验设备	指示器件 电流表 电能表 记录仪器 电压表	P	PA PJ PS PV
电力电路的开关器件	断路器 电动机 保护开关 隔离开关	Q	QF QM QS

设备、装置和元器件种类		基本文字符号 单字母符号	基本文字符号 双字母符号
信号器件	声光指示器 光指示器 指示灯	H	HA HL HL
继电器接触器	电流继电器 接触器 变化率继电器	K	KA KM KR
变压器	电流互感器 控制变压器 电力变压器 电压互感器	T	TA TC TM TV
电感器	感应线圈 驻波器 电抗器	L	
电动机	电动机 同步电动机	M	MS
电阻器	电阻器 变阻器 电位器	R	RP
控制、记忆、信号电路的开关器件选择器	控制开关 选择开关 按钮开关 压力开关 温度开关 温度传感器	S	SA SA SB SL ST ST

电气施工图的常用标注格式　　表 1-4-3

电力设备和照明设备（11-A1-02）	电话交接箱	电视线路
$\frac{a-b}{c}$或 $a-b-c$ a——设备编号； b——设备型号； c——设备容量（kW）	$\frac{a-b}{c}d$ a——设备编号； b——设备型号； c——线序； d——用户数	$a-(b)c-d$ a——线路编号； b——线路型号； c——敷设方式与穿管管径； d——敷设部位
照明灯具（11-A1-05）	**电气线路**	**通信线路**
$a-b\frac{c\times d\times L}{e}f$ $a-b\frac{c\times d\times L}{-}f$ a——灯具数量； b——灯具型号或编号； c——每盏灯的灯泡数或灯管数； d——灯泡（管）容量（W）； e——安装高度（m）； f——安装方式； L——光源种类	$a-b(c\times d)e-f$ a——线路编号； b——导线型号； c——导线根数； d——导线截面（mm^2）； e——敷设方式与穿管管径（mm）； f——敷设部位	$a-b(c\times d)e-f$ a——线路编号； b——线路型号； c——导线对数； d——导线直径（mm）； e——敷设方式与穿管管径（mm）； f——敷设部位
表示线路敷设方式的代号	**表示线路敷设部位的代号**	**表示照明灯具安装方式的代号**
PR——塑制线槽敷设； MR——金属线槽敷设； PC——聚氯乙烯硬质管敷设； FPC——聚氯乙烯半硬质管敷设；	SR——沿钢索敷设； BE——沿屋架或屋架下弦明敷设； CLE——沿柱明敷设； WE——沿墙敷设；	CP——线吊式； CP——自在器线吊式； CP1——固定线吊式； CP2——防水线吊式； CP3——吊线器式； Ch——吊链式；

续表

表示线路敷设方式的代号	表示线路敷设部位的代号	表示照明灯具安装方式的代号
KPC——聚氯乙烯塑制波纹电线管敷设； TC——电线管（薄壁钢管）敷设； SC——钢管（厚壁钢管）敷设； RC——水煤气钢管(加厚钢管)敷设； CP——穿金属软管敷设； CT——用电缆桥架敷设； C——直埋地敷设	CC——沿顶棚或顶板面敷设； ACE——在能进入的吊顶内敷设； BC——暗设在梁内； CLC——暗设在柱内； WC——暗设在墙内； CC——暗设在屋面或顶板内； FC——暗设在地面或地板内； ACC——暗设在不能进入的吊顶内	p——吊管式； W——壁装式； S——吸顶式或直附式； WR——墙壁内安装； HM——座装； SP——支架上安装； CL——柱上安装； T——台上安装； R——嵌入式（嵌入不可进入的顶棚）； CR——顶棚内安装（嵌入可进入的顶棚）
用电设备或电动机出线口	标写计算用的常用代号	
$\frac{a}{b}$ a——设备编号； b——设备容量	P_N——额定容量（kW）； P_j——计算容量（kW）； I_N——额定电流（A）； I_j——计算电流（A）； I_Z——整定电流（A）； $\Delta U\%$——电压损失； $\cos\varphi$——功率因数	

注：灯具安装高度：壁灯为灯具中心与地面距离；吊灯为灯具底部与地面距离。

2 施工管理

2.1 施工计划管理

2.1.1 施工作业计划

(1) 计划的分类、作用和主要内容

见表2-1-1。

施工作业计划的分类、作用和主要内容　　表2-1-1

类别	中长期计划	年度计划	季度计划	月　计　划
作用	指明发展方向、经营方针和经营目标	贯彻经营方针，实现经营目标，指导全年施工生产经营活动	贯彻、落实年度计划，控制月计划	指导日常施工生产经营活动，是年、季计划的具体化
内容	(1) 经营基本方针； (2) 经营目标； (3) 市场开拓规划； (4) 技术开发规划； (5) 人员与装备规划； (6) 基地建设规划；	(1) 综合经济效益计划； (2) 承包工程计划； (3) 施工计划； (4) 劳动力、工资计划； (5) 材料供应计划；	(1) 综合经济效益计划； (2) 施工计划； (3) 劳动生产率及职工人数计划； (4) 物资采购运输和供应计划；	(1) 基本指标汇总表； (2) 施工进度计划； (3) 劳动力需要量计划； (4) 材料、半成品需求计划； (5) 机械设备使用计划；

续表

类别	中长期计划	年度计划	季度计划	月 计 划
内容	(7) 多种经营规划； (8) 企业体制改革和管理手段现代化规划	(6) 机械设备配置计划； (7) 技术组织措施计划； (8) 成本计划； (9) 财务计划； (10) 附属辅助生产计划； (11) 本身基建和企业改造计划； (12) 职工培训计划	(5) 机械设备能力平衡计划； (6) 技术组织措施计划； (7) 成本计划； (8) 财务收支计划； (9) 附属辅助生产计划	(6) 提高劳动生产率、降低成本措施计划； (7) 工业产品生产计划； (8) 财务收支计划； (9) 经营业务活动计划

(2) 编制前准备工作、编制基本依据和编制程序见表 2-1-2。

编制前准备工作、编制基本依据和编制程序　表 2-1-2

项　目	说　　明
编制计划前准备工作	(1) 编好单位工程预算，进行工料分析，提出降低成本措施。 (2) 根据总进度、总平面等的要求确定施工进度和平面布置。 (3) 签订分包协议或劳务合同。 (4) 主要材料设备和施工机具的准备。 (5) 施工测量和抄平放线。 (6) 劳动力的配备。 (7) 施工技术培训和安全交底等

续表

项　目	说　　明
编制计划的基本依据	(1) 年、季计划；施工组织设计；施工图纸；有关技术资料和上级文件；施工合同等。 (2) 上一计划期的工程实际完成情况；新开工程的施工准备工作情况。 (3) 计划期内的物资、加工品、机械设备的落实情况。 (4) 实际可能达到的劳动效率、机械的台班产量、材料消耗定额等
编制计划的程序	熟悉图纸，了解施工工艺，确定施工顺序；施工预算 → 施工进度计划 → 劳动力计划；机械计划；材料计划；加工品计划 → 综合平衡落实 → 修订计划 → 下达计划

2.1.2 开工、竣工和施工顺序

(1) 施工顺序

施工顺序是指一个建设项目（包括生产、生活、主体、配套、庭院、绿化、道路以及各种管道等）或单位工程，在施工过程中应遵循的合理的施工顺序，对于一个工程的全部项目来讲，应该是：

1) 首先搞好基础设施，先红线外，后红线内。红

线外包括给水、排水，电，通信，燃气，热力，交通道路等。

2）红线内工程，先全场性的（包括场地平整、道路、管线等），后单项；先地下，后地上。

3）全部工程在安排时要主体工程和配套工程（变电室、热力站、污水处理等）相适应，力争配套工程为施工服务，主体工程竣工时能投产使用。

（2）开、竣工应具备的条件

见表2-1-3。

开工和竣工条件　　　表 2-1-3

项　目	说　　明
开工条件	（1）有完整的施工图纸，或按组织设计规定分阶段所必须具备的施工图纸。 （2）有规划部门签发的施工许可证。 （3）财务和材料渠道已经落实，并能按工程进度需要拨料和拨款。 （4）签订施工协议或根据设计预算签订的施工合同。 （5）施工组织设计已经批准。 （6）加工订货和设备已经基本落实。 （7）有施工预算。 （8）已经基本完成施工准备工作，现场达到“三通一平”（即水通、电通、路通，现场平整）
竣工条件	（1）全部完成经批准的设计所规定的施工项目。 （2）工业项目要达到试运转或投产；民用工程要达到使用要求。 （3）主要的附属配套工程，如变电室、锅炉房或热力站、给水排水、燃气、通信等已经能交付使用。 （4）建筑物周围按规定进行了平整和清理，做好园林绿化。 （5）工程质量经验收合格

2.2 施工技术管理

2.2.1 施工技术管理的主要工作

见图 2-2-1。

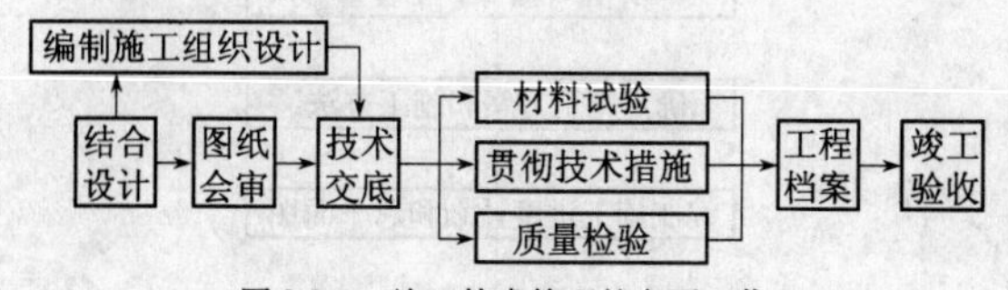

图 2-2-1 施工技术管理的主要工作

2.2.2 施工组织设计

(1) 施工组织设计分类

见表 2-2-1。

施工组织设计分类　　表 2-2-1

分类项目	说明
施工组织总设计	它是以整个建设项目或建筑群为对象，要对整个工程施工进行全盘考虑，全面规划，用以指导全场性的施工准备和有计划地运用施工力量开展施工活动，确定拟建工程的施工期限、施工顺序、施工的主要方法，重大技术措施，各种临时设施的需要量及施工现场的总平面布置，并提出各种技术物资的需要量，为施工准备创造条件
施工组织设计(或施工设计)	它是以单位工程或单项工程为对象，用以直接指导单位工程或单项工程的施工，在施工组织总设计的指导下，具体安排人力、物力和建筑安装工作，是制定施工计划和作业计划的依据
分部（项）工程施工设计	是指重要或是新的分项工程，或专业施工的分项设计，以及新工艺、新技术等特殊的施工方法等

(2) 施工组织设计的主要内容和编制程序

如图 2-2-2 所示。

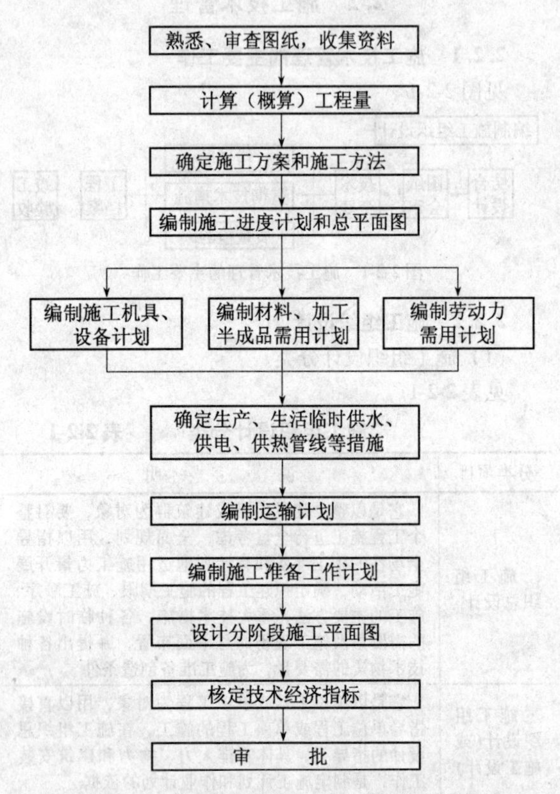

图 2-2-2　施工组织设计的主要内容和编制程序

（3）编制施工组织总设计的条件及主要技术经济指标

编制施工组织总设计所需要的自然技术经济条件参考资料及主要技术经济指标见表 2-2-2。

编制施工组织总设计的参考资料及技术经济指标　　表 2-2-2

类别	名称	内容说明
自然条件资料、地形资料	建设地区地形图	比例尺一般不小于 1:2000，等高线差为 5～10m，图上应注明居住区、工业区、自来水厂、车站、码头、交通道路和供电网路等位置
	工程位置地形图	比例尺一般为 1:2000 或 1:1000，等高线为 0.5～1.0m，应注明控制水准点，控制桩和 100～200m 方格坐标网
工程地质资料	建设地区钻孔布置图，工程地质剖面图，地区土层物理力学性质资料，土层试验报告，地震试验	表明地下有无古墓、洞穴、枯井及地下构筑物等，是否满足确定土方和基础施工方法的要求
水文资料	地下水资料	表明地下水位及其变化范围，地下水的流向、流速和流量，水质分析等
	地面水资料	临近的江河湖泊及距离，洪水、平水及枯水期的水位、流量和航道深度、水质分析等
气象资料	气温资料	年平均、最高、最低温度，最热、最冷月的逐月平均温度，冬、夏季室外计算温度，不高于 -3℃、0℃、5℃的天数及起止时间表
	降雨资料	雨季起讫时间、全年降水量及日最大降水量，年露暴日数
	风的资料	主导风向及频率、全年 8 级以上大风的天数及时间

续表

类别	名 称	内 容 说 明
技术经济资料	地方资源情况	当地有无可供生产建筑材料及建筑配件的资源，地方工业的副产品及其蕴藏量、物理化学性能、有无开采价值
	建筑材料构件生产供应情况	（1）当地建筑材料和配件生产企业，其分布情况及隶属关系，其产品种类和规格，生产和供应能力，出厂价格、运输方式、运距、运费等 （2）当地建筑材料市场情况
	交通运输情况	（1）铁路：邻近有无可供使用的铁路专用线，车站与工地的距离，装卸条件，装卸费及运费等 （2）公路：通往工地的公路等级、宽度、允许最大载重量，桥涵的最大承载力和通过能力，当地可提供的运力和车辆修配能力 （3）水运和空运的有关情况
	供水、供电情况	（1）从地区电力网取得电力的可能性、供应量、接线地点及使用条件等 （2）水源及可供施工用水的可能性、供水量、连接地点，现有给水管径、埋深、水压等
	劳动力及生活设施情况	（1）当地可提供的劳动力及劳动力市场情况，可作为施工工人和服务人员的数量和文化技术水平 （2）建设地区有的可供施工人员用的职工宿舍、食堂、浴室，文化娱乐设施的数量、地点、面积、结构特征、交通和设备条件等
技术经济指标	施工工期	从工程正式开工到竣工所需要的时间
	劳动生产率	1. 产值指标 建安工人劳动生产率 $=\dfrac{\text{自行完成施工产值}}{\text{建安工人(包括徒工、民工)平均人数}}$ （元/人）

续表

类别	名 称	内 容 说 明
技术经济指标	劳动生产率	2. 实物量指标 (1) 工人劳动生产率 $= \frac{\text{完成某工种工程量}}{\text{某工种平均人数}}$ (工程量单位/人) (2) 单位工程量用工 $= \frac{\text{全部劳动工日数}}{\text{竣工面积}}$ (工日/单位工程量)
	劳动力不均衡系数 K	$K = \frac{\text{施工期高峰人数}}{\text{施工期平均人数}}$
	降低成本额和降低成本率	降低成本额 = 预算成本 - 计划成本 降低成本率 $= \frac{\text{降低成本额}}{\text{预算成本}} \times 100\%$
	其他指标	1. 机械利用率 $= \frac{\text{某种机械平均每台班实际产量}}{\text{某种机械台班定额产量}} \times 100\%$ 2. 临时工程投资比 $= \frac{\text{全部临时工程投资}}{\text{建安工程总值}}$ 3. 机械化施工程度 $= \frac{\text{机械化施工完成工作量（实物量）}}{\text{总工作量（实物量）}} \times 100\%$

2.2.3 技术交底

在条件许可的情况下，施工单位最好能在扩大初步设计阶段就参与制定工程的设计方案，实行建设单位、设计单位、施工单位“三结合”，这样，施工单位可以提前了解设计意图，反馈施工信息，使设计能适应施工单位的技术条件、设备和物资供应条件，确保设计质量，避免设计返工。

施工单位应根据设计图纸作施工准备，制定施工方案，进行技术交底。技术交底分工和内容见表2-2-3。

技术交底分工和内容　　表 2-2-3

交底部门	交底负责人	参加单位和人员	技术交底的主要内容
施工企业（公司）	总工程师	有关施工单位的行政、技术负责人，公司职能部门负责人	(1) 由公司负责编制的施工组织设计； (2) 由公司决定的重点工程、大型工程或技术复杂工程的施工技术关键性问题； (3) 设计文件要点及设计变更洽商情况； (4) 总分包配合协作的要求、土建和安装交叉作业的要求； (5) 国家、建设单位及公司对该工程的工期、质量、成本、安全等要求； (6) 公司拟采取的技术组织措施
项目经理部	主任工程师（总工程师）	单位工程负责人、技术员、质量检查员、职能部门的有关人员、内部协作（或分包）人员	(1) 由项目经理部编制的施工组织设计或施工方案； (2) 设计文件要点及设计变更、洽商情况； (3) 关键性的技术问题，新操作方法和有关技术规定； (4) 主要施工方法和施工程序安排； (5) 保证进度、质量、安全、节约的技术组织措施； (6) 材料的试验项目
基层施工单位	项目技术负责人或技术员	参与施工的各班组负责人及有关技术骨干工人	(1) 落实有关工程的各项技术要求； (2) 提出施工图纸上必须注意的尺寸；

续表

交底部门	交底负责人	参加单位和人员	技术交底的主要内容
基层施工单位	项目技术负责人或技术员	参与施工的各班组负责人及有关技术骨干工人	(3) 所用各种材料的品种、规格、等级及质量要求； (4) 设备的技术参数及质量要求； (5) 有关工程的详细施工方法、程序，各工种、各专业单位之间的交叉配合部位的工序搭接及安全操作要求； (6) 各项技术指标的要求，具体实施的各项技术措施； (7) 设计修改、变更的具体内容或应注意的关键部位； (8) 有关规范、规程和工程质量要求； (9) 设备吊装安全操作要求以及注意事项； (10) 在特殊情况下，应知应会应注意的问题

2.2.4 材料检验管理和工程档案工作

见表2-2-4。

材料检验管理和工程档案工作　　表2-2-4

项目	类别	资料项目及内容
材料检验管理	有关电气材料的检验管理	(1) 用于施工的原材料、成品、半成品、设备等，必须由供应部门提供合格证明文件。对没有证明文件，或虽有证明文件但技术领导或质量管理、试验部门认为有必要复验的材料，在使用前必须进行抽查、复验，证明合格后才能使用。

续表

项目	类别	资料项目及内容
材料检验管理	有关电气材料的检验管理	(2) 材料的品种、规格、数量除了符合设计要求外，还必须符合国家标准和行业标准。 (3) 涉及安全的某些材料或产品还必须执行生产许可证制度或强制认证制度。 (4) 落后或淘汰的产品要限制或严禁使用在工程中。 (5) 进口产品必须提供中英文对照的相关证明材料。 (6) 必须对加工厂生产的成品、半成品进行严格检查，签发出厂合格证，不合格的不能出厂。 (7) 新材料、新产品要在对其做出技术鉴定，制定出质量标准及操作规程后，才能在工程上使用。 (8) 在现场配制的建筑材料，如防水材料、防腐蚀材料、耐火材料、绝缘材料、保温材料、润滑材料等，均应按试验室确定的配合比和操作方法进行施工。 (9) 加强对工业设备和施工机械的检查、试验和试运转工作。设备到现场后，安装前必须按有关技术规范、规程进行检查验收，做好记录。
工程档案	有关建筑物合理使用，维护，改建扩建的参考文件资料，工程竣工时提交建设单位保存	(1) 施工许可证，地质勘探资料； (2) 永久水准点的坐标位置，建筑物、构筑物及其基础深度等的测量记录； (3) 竣工部分一览表（竣工工程名称、位置、结构层次、面积或规格、附有的设备装置和工具等）； (4) 图纸会审记录，设计变更通知单和技术核定单； (5) 隐蔽工程验收记录； (6) 材料，构件和设备质量合格证明（包括出厂证明，质量保证书）； (7) 成品及半成品出厂证明及检验记录；

续表

项目	类别	资料项目及内容
工程档案	有关建筑物合理使用，维护，改建扩建的参考文件资料，工程竣工时提交建设单位保存	(8) 工程质量事故调查和处理记录； (9) 土建施工必要的试验、检验记录； (10) 设备安装及暖气、卫生、电气、通风工程施工试验记录； (11) 施工记录； (12) 建筑物，构筑物的沉降和变形观测记录； (13) 未完工程的中间交工验收记录； (14) 由施工单位和设计单位提出的建筑物，构筑物使用注意事项文件； (15) 其他有关该项工程的技术决定； (16) 竣工验收证明； (17) 竣工图
	为系统积累经验由施工单位保存的技术资料	(1) 施工组织设计，施工设计和施工经验总结； (2) 本单位初次采用或施工经验不足的新结构、新技术、新材料的试验研究资料，施工操作专题经验； (3) 技术革新建议的试验、采用、改进的记录； (4) 有关的重要技术决定和技术管理的经验总结； (5) 施工日志等
	大型临时设施档案	包括工棚、食堂、仓库、围墙、钢丝网、变压器、水电管线的总平面布置图，施工图，临时设施有关的结构构件计算书，必要的施工记录

2.3 施工安全管理

2.3.1 安全技术责任制

(1) 企业单位各级领导人员在管理生产的同时，必须负责管理安全工作，认真贯彻执行国家有关劳动保护的法令和制度，在计划、布置、检查、总结、评比生产的同时，要计划、布置、检查、总结、评比安全工作。

（2）企业单位的生产、技术、设计、物资、运输、财务等有关专职机构，应在各自专业范围内，对实现安全生产的要求负责。

（3）企业单位各项目管理部都应该设有专职的安全员，安全员在项目经理的领导和生产经理的指导下，应在安全生产方面以身作则，起模范带头作用，并协助项目经理做好下列工作：经常对作业人员进行安全生产教育，督促他们遵守安全操作规程和各种安全生产制度、正确使用个人防护用品，检查和维护项目部的安全设备，发现生产中有不安全情况的时候及时报告，参加事故的分析和研究，协助领导实现防止事故的措施。

2.3.2 安全技术措施计划

（1）企业单位在编制生产、技术、财务计划的同时，必须编制安全技术措施计划，安全技术措施所需的设备、材料，应该列入物资、技术供应计划，对于每项措施，应该确定实现的期限和负责人。企业的领导人应该对安全技术措施计划的编制和贯彻执行负责。

（2）安全技术措施计划的范围，包括改善劳动条件（主要指影响安全和健康的）、防止伤亡事故、预防职业病和职业中毒为目的的各项措施，不要与生产、基建和福利等措施混淆。

（3）安全技术措施计划所需的经费，应摊入生产成本，且企业不得挪作他用。

2.3.3 安全生产教育

（1）企业单位必须认真地对新工人进行安全生产

的入厂教育、车间教育和现场教育，并且经过考试合格后，才能准许其进入操作岗位。

（2）对于燃气、起重、锅炉、压力容器、焊接、车辆驾驶、爆破、瓦斯检验等特殊工种的工人，必须进行专门的安全操作技术训练，经过考试合格后，才准许他们操作。

（3）企业单位都必须建立安全活动日和在班前班后会上检查安全生产情况的制度，对职工进行经常的安全教育，并且结合职工文化生活，进行各种安全生产的宣传活动。

（4）在采用新的生产方法、添设新的技术设备、制造新的产品或调换工人工作的时候，必须对个人进行新操作法和新工作岗位的安全教育。

2.3.4 安全生产检查

（1）企业单位对生产中的安全工作，除进行经常的检查外，每年还应该定期地进行2～4次群众性的检查，这种检查包括普遍检查、专业检查和季节性检查，这几种检查可以结合进行。

（2）开展安全生产检查，必须有明确的目的、要求和具体计划，并且必须建立由企业领导负责、有关人员参加的安全生产检查组织，以加强领导做好这项工作。

（3）安全生产检查应该始终贯彻领导与群众相结合的原则，依靠群众，边检查、边改进，并且及时地总结和推广先进经验。有些限于物质技术条件当时不能解决的问题，也应该定出计划，按期解决，必须做到条条有着落，件件有交代。

2.3.5 伤亡事故调查和处理

（1）企业单位应该严肃、认真地贯彻执行国务院发布的“伤亡事故报告规程”。事故发生以后，企业领导人应该立即负责组织职工进行调查和分析，认真地从生产、技术、设备、管理制度等方面找出事故发生的原因，查明责任，确定改进措施，并且指定专人、限期落实执行。

（2）对于违反政策法令和规章制度或工作不负责任而造成事故的，应该根据情节的轻重和损失的大小，给予不同的处分，直至送交司法机关处理。

（3）时刻警惕一切犯罪分子的破坏活动，发现有关破坏活动时，应立即报告公安机关，并积极协助调查处理。对于那些思想麻痹、玩忽职守的有关人员，应根据具体情况，给予应得处分。

（4）企业的领导人对本企业所发生的事故应该定期进行全面分析，找出事故发生的规律，定出防范办法，认真贯彻执行，以减少和防止事故。对于在防范事故中表现好的职工，给以适当的表扬或物质鼓励。

2.4 施工工长的主要工作

2.4.1 技术准备工作

见表2-4-1。

技术准备工作　　表2-4-1

项次	项目	说　明
1	熟悉图纸	（1）设计要求； （2）质量要求； （3）细部做法； （4）设备安装平面图、系统图是否一致； （5）新型材料施工工艺设计要求； （6）系统调试设计要求和注意事项； （7）施工图与说明在内容上是否一致，与其他组成部分间有无矛盾或错误；

续表

项次	项目	说　　明
1	熟悉图纸	(8) 总平面图与其他图纸在尺寸、标高上是否一致，技术要求是否准确； (9) 施工图中，施工难度大和技术要求高的分项工程和采用新技术、新材料、新工艺的分项工程与企业现有施工技术水平、管理水平能否满足要求，不足之处如何采取特殊技术措施加以保证； (10) 分项工程施工所需材料、设备的数量、规格、来源和供货时间与设计要求是否一致； (11) 分期、分批投产或交付使用的顺序和时间； (12) 设计方、承包方、监理方、分包方之间的协作、配合关系，建设单位、承包方向分包方提供的施工条件
2	熟悉施工组织设计	(1) 生产部署； (2) 施工顺序； (3) 施工方法和技术措施； (4) 施工平面布置
3	准备交底	(1) 一般工程（工人已经熟悉的项目）——准备简要的操作交底和措施要求； (2) 特殊工程（如新技术等）——准备图纸和大样，准备细部做法和要求

2.4.2　班组操作前准备工作

见表2-4-2。

班组操作前准备工作　　表2-4-2

项次	项目	说　　明
1	工作面的准备	清理现场，道路畅通，搭设架子，准备好操作面
2	施工机械准备	组织施工机械进场，接上电源进行试运行，并检查安全装置

续表

项次	项目	说　　明
3	材料和工具准备	材料进场按照施工平面图布置要求等进行堆放；工具按照班组人员配备
4	作业条件准备	（1）图纸会审后，根据工程特点、计划合同工期及现场环境等编写操作工艺要求及说明； （2）根据施工方案安排好现场的工作场地、加工车间、库房； （3）配合土建施工进度做好各项预留的复核工作； （4）材料设备确认合格，准备齐全，送到现场； （5）安装标高基准线已经测放完毕； （6）设备基础和地脚螺栓孔洞、预埋件的尺寸、坐标、标高经校对符合设计和厂家图纸要求； （7）作业面照明条件符合施工安装要求； （8）现场临时水源、电源已经接通； （9）现场消防安全措施已经落实到位； （10）土建及相关专业办理了隐预检手续，并办理了交接

2.4.3 调查研究班组人员及工序情况

见表2-4-3。

调查研究班组人员及工序情况　表2-4-3

项次	项目	说　　明
1	调查班组情况	（1）人员配备； （2）技术力量； （3）生产能力
2	研究工序	（1）确定工种之间的搭接次序、时间和部位； （2）协助班组长做好人员安排； ① 根据工作面计划流水和分段； ② 根据流水分段和技术力量进行人员分档； ③ 根据分档情况配备运输、配料、供档的力量

2.4.4 向工人交底

见表2-4-4。

向工人交底　　　表2-4-4

项次	项目	说　　明
1	计划交底	（1）任务数量； （2）任务开始、结束时间； （3）该任务在全部工程中对其他工序的影响和重要程度
2	定额交底	（1）劳动定额； （2）材料消耗定额； （3）机械配合台班及每台班产量
3	技术措施和操作方法交底	（1）施工规范、技术规范和工艺标准的有关部分； （2）施工组织设计中的有关规定； （3）有关图纸要求及细部做法； （4）施工组织设计或施工方案的要求和所采取的提高工程质量、保证安全生产的技术措施； （5）具体操作部位的施工技术要求及注意事项； （6）具体操作部位的施工质量要求； （7）对关键性部位或新结构、新技术、新材料、新工艺推广项目和部位采取的特殊技术措施，必要时，应做文字交底、样板交底以及示范操作交底； （8）消灭质量通病的技术措施； （9）施工进度要求； （10）总分包协作施工组（队）的交叉作业、协作配合的注意事项以及施工进度计划安排。 （11）安全技术交底主要内容有： 1）施工项目的施工作业特点，作业中的潜在隐含危险因素和存在问题； 2）针对危险因素、危险点应采取的具体预防措施，以及新的安全技术措施等； 3）作业中应注意的安全事项； 4）相应的安全操作规程和标准； 5）发生事故后应及时采取的避险和急救措施； 6）定期向由两个以上作业队和多工种进行交叉施工的作业队伍进行书面交底； 7）保持书面安全技术交底签字记录

续表

项次	项目	说　　明
4	安全生产交底	(1) 施工操作和运输过程中的安全事项； (2) 使用机电设备安全事项； (3) 高空作业和消防安全
5	管理制度交底	(1) 安检、互检、交接检的具体时间和部位； (2) 分部分项质量验收标准和要求； (3) 现场场容管理制度的要求； (4) 样板的建立和要求

2.4.5　施工任务的下达、检查和验收

见表2-4-5。

施工任务的下达、检查和验收　　表2-4-5

项次	项目	说　　明
1	操作中的具体指导和检查	(1) 检查抄平、放线、准备工作是否符合要求； (2) 工人能否按交底要求进行施工（必要时进行示范）； (3) 一些关键部位是否符合要求，并及时提醒工人； (4) 随时提醒安全、质量和现场场容管理中的倾向性问题； (5) 按工程进度及时进行隐、预检和交接检，配合质量检查人员搞好分部分项工程质量验收
2	施工任务的下达与验收	(1) 向班组下达施工任务书，任务完成后，按照计划要求、质量标准进行验收； (2) 当完成分部分项工程以后，工长一方面需查阅相关资料，检验是否符合设计要求；另一方面需通知技术员、质量检查员、施工班组长，对所施工的部位或项目，按照质量标准进行检查验收，合格填写产品需填写表格，进行签字，不合格产品要立即组织原施工班组进行维修或返工

2.4.6 做好施工日志工作

施工日志记载的主要内容:

(1) 当日气候实况;

(2) 当日工程进展;

(3) 工人调动情况;

(4) 资源供应情况;

(5) 施工中的质量安全问题;

(6) 设计变更和其他重大决定;

(7) 经验和教训。

3 施工技术

3.1 建筑电气照明安装工程

电气照明工程，主要是电气配管、配线、照明器具、开关、插座等安装。

3.1.1 线管及线槽敷设

(1) 线管敷设

在建筑工程施工中，根据环境和使用场所及功能的不同，一般采用塑料管、薄壁金属电线管、焊接钢管和镀锌钢管等。敷设方法主要有明敷设和暗敷设。沿墙、柱、梁、顶板布置的一般称明敷设；埋设在墙内、地坪内和顶板内或顶棚内的管线称为暗敷设。

1) 钢管敷设

① 材料要求

钢管壁厚均匀，无劈裂、砂眼、棱刺和凹瘪现象，施工中锯口要平直，管口要刮光，除镀锌钢管外其他金属管材要预先除锈刷漆，镀锌钢管的镀锌层无脱落，并应有产品合格证。

② 施工工艺流程

暗管敷设→切管→套丝→揻管→测定箱盒位置→稳住箱盒→管路连接→管线敷设→变形缝处理→地线连接。

明管敷设→预制加工管弯支架、吊架→测定箱盒位置→支架、吊架固定→箱盒固定→管路敷设与连接→变形缝处理→地线连接。

③ 施工技术要点

A. 明敷设用于多尘和潮湿场所的电气线路、管口处。管子连接处要作密封处理。

B. 暗配的电线管路宜选择最近线路敷设，减少弯曲；埋入墙或混凝土内的管，距结构表面净距不应小于 15mm。

C. 冷摵弯法：一般管径 20mm 及以下时，用手扳摵管器；管径为 25mm 以上时，使用液压摵管器。

D. 管的连接方法：一般采用丝扣连接和套管连接两种。

丝扣连接是把要连接的管子两边分别套丝，再用与之相同管径的管箍连接。如图 3-1-1 所示。

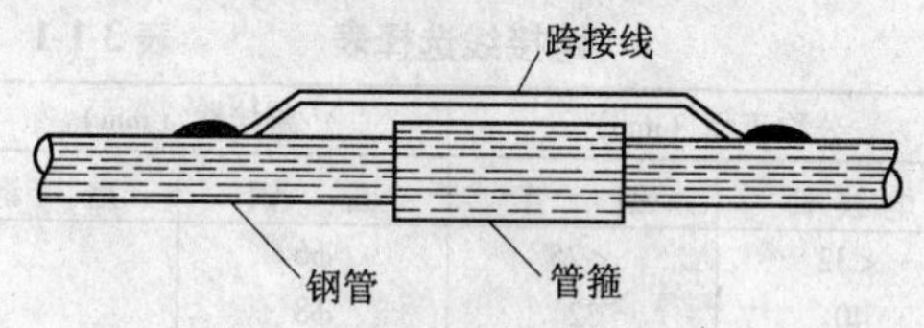

图 3-1-1　管箍连接与跨接线

套管连接一般用于暗配管，套管长度为管径的 2.5 ~ 3 倍。如图 3-1-2 所示。

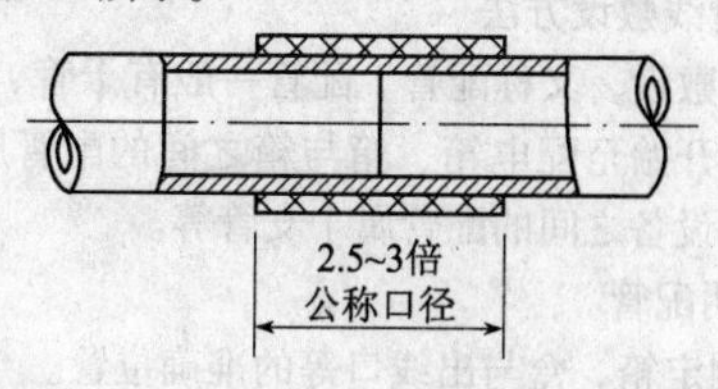

图 3-1-2　套管连接法

E. 管与箱盒连接：先在线管上旋一个锁紧螺母，用扳手将螺母拧紧。如图 3-1-3 所示。

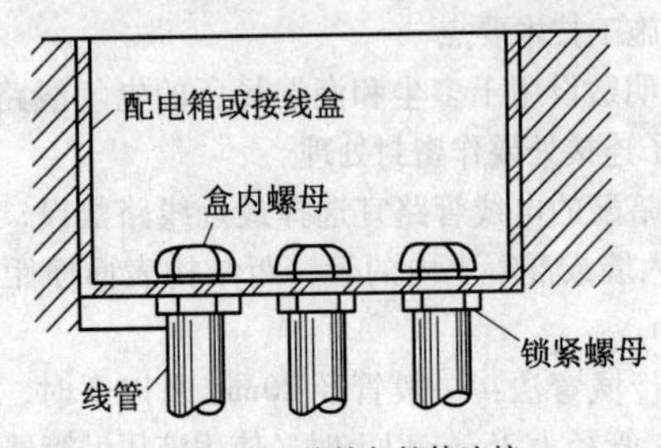

图 3-1-3　线管与箱体连接

F. 地线跨接：为安全用电，管间及管盒间的连接处应根据图 3-1-1 所示方法焊接跨接地极，跨接线的规格见表 3-1-1。

跨接线选择表　　　　**表 3-1-1**

公称直径（mm）		跨接线（mm）	
电 线 管	钢　管	圆　钢	扁　钢
<32	<25	$\phi6$	
40	32	$\phi8$	
50	40～50	$\phi10$	
70～80	70～80		25×4

④ 管线敷设方法

管线敷设，又称配管。配管一般有干管、支管。一般从进户开始至配电箱、箱与箱之间的配管属于干管、箱与用电设备之间的配管属于支管等。

A. 明配管。

a. 测定箱、盒与出线口等的准确位置。

b. 把管路的水平、垂直走向确定后弹线。

c. 按规范规定尺寸，确定固定点间距及支架、吊架的位置，并预埋好固定件。

d. 固定点之间的距离应均匀一致，管卡与终端、转弯中点、电气设备或接线盒边缘的距离为 150 ~ 500mm；中间管卡的最大间距见表 3-1-2。

明配线管敷设固定点的最大允许间距　表 3-1-2

敷设方式	钢管名称	钢管直径（mm）			
		15 ~ 20	25 ~ 30	40 ~ 50	65 ~ 100
		最大允许间距（m）			
吊架、支架或沿墙敷设	厚壁钢管	1.5	2.0	2.5	3.5
	薄壁钢管	1.0	1.0	2.0	—

e. 固定方法：可采用胀管、木砖、预埋铁件焊接等方法。

f. 盒、箱固定：箱、盒固定牢固平整，开孔整齐，并与管径相一致，一管一孔。金属盒、箱严禁用电气焊开孔。

g. 根据实测长度加工管线（弯管、切管、加工丝扣、洗管口等）。

h. 管线安装固定、穿钢丝线、安装护口、堵管口等。

i. 管线与管线、管线与箱、盒的接地线连接。

j. 明配管有沿墙面敷设、沿金属支架敷设、吊装敷设等几种。

沿墙面、梁、柱、顶板敷设，一般采用管卡直接固定在墙面、梁、柱、顶板上，如图 3-1-4（*a*）。

沿金属支架敷设：先将金属支架安装牢固，再将管子固定在支架上。其方法如图 3-1-4（*b*）、（*d*）。

吊装敷设：按管径和管子根数加工好吊件并固定在楼板下，再将管子固定在吊件上。它适用于吊顶内和结构梁较多的空间敷设，以减少管子的弯曲，达到管路的顺畅。如图 3-1-4（*c*）、（*e*）、（*f*）。

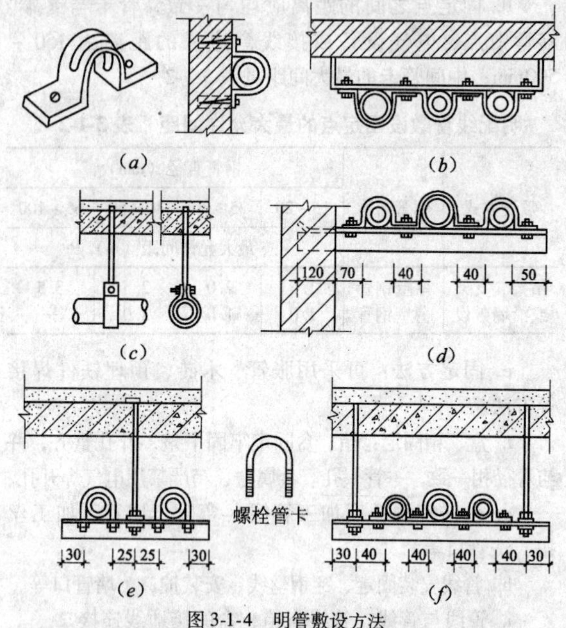

图 3-1-4　明管敷设方法

(a) 管卡沿墙敷设；(b) 多管垂直敷设；(c) 单管吊装敷设；(d) 支架沿墙敷设；(e) 双管吊装 (f) 三管吊装

B. 暗配管。

a. 确定各电气设备的安装位置。

b. 稳定箱盒。

c. 测量管线实际长度，应尽量走捷径，但要注意让开预留孔洞的位置。

d. 配管加工（弯管、锯管、套丝等)。

e. 配管固定连接，将箱、盒之间用管连接起来。

f. 接地连接。连接管与管之间，管与箱、盒之间的跨接地线。

g. 将管口及箱、盒堵严密，防止水泥砂浆和杂物进入。

h. 暗配管的敷设方法：在现浇混凝土结构内配管，可用钢丝将管子固定在钢筋上，也可用钉子将管子固定在木模板上。

当线管在砖墙内时，一般随砌砖时预埋，也可在砖墙砌好后，在砖墙上开槽，在墙缝处固定木楔，再用钉子将钢丝固定在木楔上，将管子嵌入槽内用钢丝绑牢固。

C. 变形缝处理。

当线管经过建筑物的伸缩缝、沉降缝时，为防止建筑物沉降不均匀而损坏线管，一般要在变形缝处装设补偿装置。如图 3-1-5 所示。

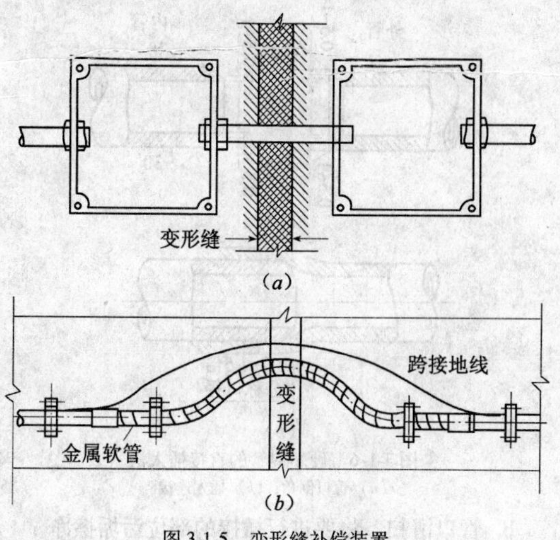

图 3-1-5 变形缝补偿装置

(*a*) 补偿盒；(*b*) 金属软管

补偿装置连接管的一端用锁紧螺母固定，另一端无需固定，如图 3-1-5（*a*）。当明配管时，可采用金属软管补偿。

2）塑料管敷设

目前应用较多的有聚氯乙烯管、聚乙烯管、聚丙烯管等，其中聚氯乙烯（PVC 管）应用较为广泛。其特点是在常温下抗冲击性能好，耐酸碱、耐油性能好，但易老化，机械强度不如钢管。

下面介绍硬塑料管的连接。

① 直接法：硬塑料管没有专用管接件，一般采用加热插接的方法。

A. 管口倒角。将相同直径的两根管，一根倒内角，一根倒外角。如图 3-1-6（*a*）所示。

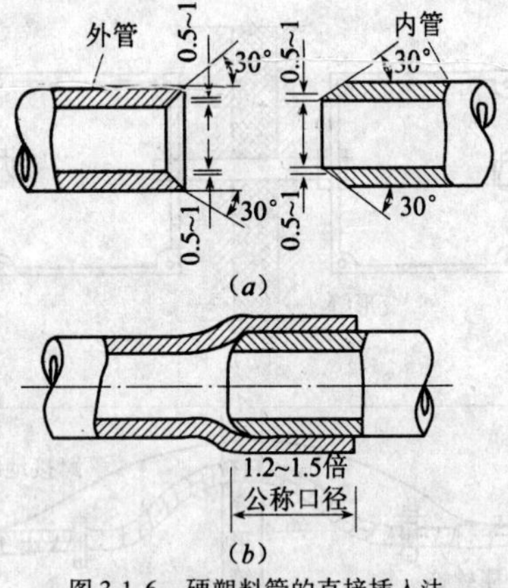

图 3-1-6　硬塑料管的直接插入法

（*a*）管口倒角；（*b*）插入连接

B. 管口清扫。将要进行插接的部位污垢擦净。

C. 加热。用喷灯、电炉等加热，将插接段（一般为管径的 1.2 ~ 1.5 倍）均匀加热，也可浸入温度为 130℃左右的热甘油或石蜡中使其软化。

D. 插接。插接段均匀受热软化后，迅速将内管插入外管并涂上胶粘剂。如图 3-1-6（*b*）所示。待内管、外管端口一致，两管中心线在一条直线时，应立即用湿布或浇冷水冷却，使管子恢复硬度。

② 模具胀管插接法

A. 管口倒角、清扫和加热外管插接段，操作方法同直插法。

B. 扩口。当外管加热软化后，立即将已加热的金属成型模具插入外管插接段扩口。如图 3-1-7（*a*）所示。

C. 插接。扩口后在内、外插接面上涂胶粘剂，将内管插入外管。然后再加热，待软化后，立即浇水冷却，使管子恢复硬度。也可采用焊接，将内管插入外管以后，用聚氯乙烯焊条在接口处密焊 2 ~ 3 圈，如图 3-1-7（*b*）所示。

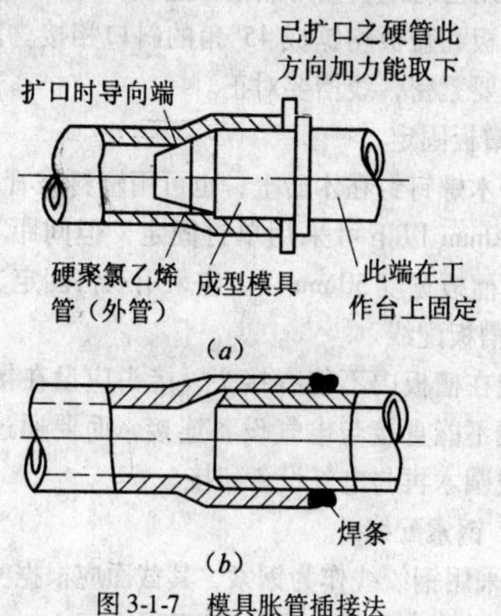

图 3-1-7　模具胀管插接法

（*a*）成型模具插入；（*b*）焊接连接

③ 套管连接法：此方法适用于各管径的硬塑料管连接。

A. 截取套管。在同一管径上截取一段相当于管径的2.5～3倍的管子作为套管。

B. 管口倒角。清扫、加热方法同上。

C. 套管插接。待套管加热软化后，立即将被连接的两根管涂上胶粘剂插入套管中，浇水冷却，使其恢复硬度。

（2）线槽敷设

1）线槽敷设

先要在建筑表面上进行定位划线。要求横平竖直并尽可能的沿房屋的墙角、横梁等较隐蔽的部分敷设，槽板应贴紧在墙表面上，排列要整齐、美观。

2）槽板的连接

可采用与之配套的专用附件连接，也可将槽板直接对接，底板和盖板均锯成45°角的斜口相接。裁口要对齐，拼接要紧密，线槽要对正。

3）槽板固定

可用木螺钉钉在木砖上，也可用塑料胀管固定。槽板宽度40mm以下可采用单钉固定，但间距不能大于600mm，槽板宽度50mm以上应采用双钉固定。

4）槽板配线

导线在槽板内不能有接头，接头应设在接线盒内。槽板配线不能直接与电气设备连接，而要通过接线盒、灯头盒或圆木再与电气设备相接。

（3）钢索配线

1）采用钢绞线作为钢索，其截面应根据实际跨度、荷载及机械强度选择，最小截面不小于$10mm^2$且不得有背扣、松股、断股、抽筋现象。如采用圆钢作为钢索，其直径应不小于10mm。

2）施工前，应预埋镀锌圆钢耳环，耳环的直径不应小于10mm。耳环孔的直径不应小于30mm，接口处应焊牢。如图3-1-8所示。

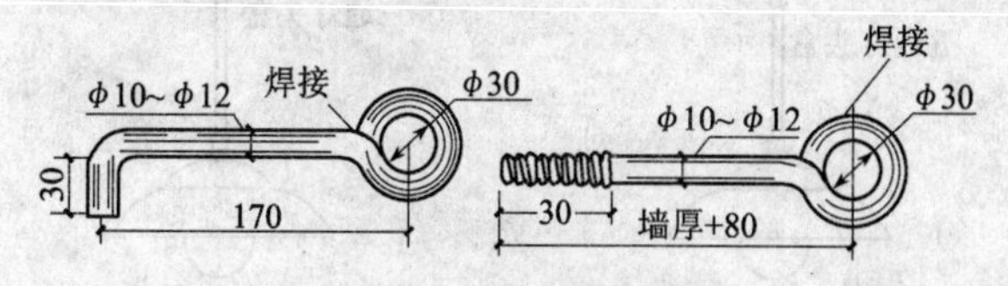

图3-1-8　耳环制作图

3）按需要的长度将钢索剪断，擦去油污，调直，一端穿入耳环，用钢丝绳卡子将钢绞线固定两道；如用圆钢，可煨成环形圈，并将圈口焊牢。钢索一端装好后，再装另一端。先用紧线器把钢索收紧，端部穿过花篮螺栓处的鸡心环（图3-1-9）。用上述方法同样把钢索折回固定。花篮两端螺栓，均应旋进螺母，并使其保持最大距离，以备钢索的弛度调整。钢索安装如图3-1-10所示。

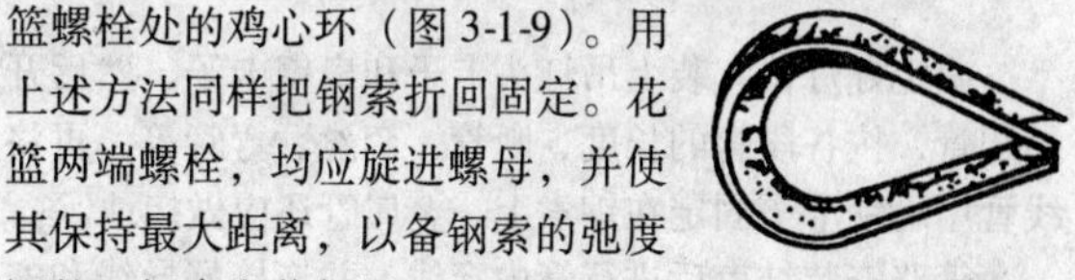

图3-1-9　鸡心环

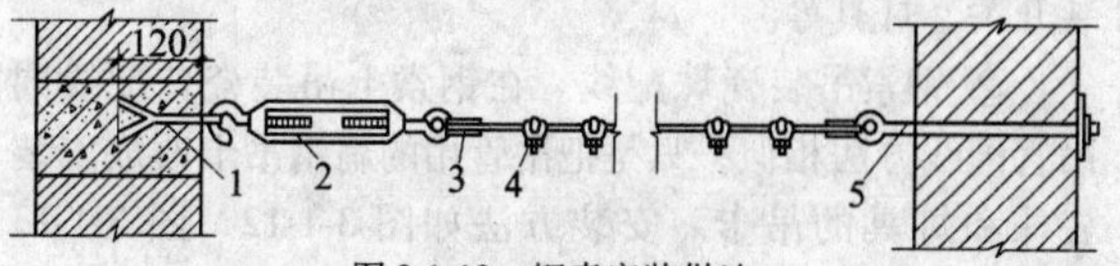

图3-1-10　钢索安装做法

1—起点端环；2—花篮螺栓；3—鸡心环；4—钢索卡；5—终点端环

4）钢索配线。按安装方式和固定件不同，钢索配管可分为钢索配线，钢索吊装瓷珠配线，钢索吊装护套线配线等。

① 钢索配管配线。这种配线方法是用扁钢吊卡，将电线管及灯具吊装在钢索上，如图 3-1-11 所示。

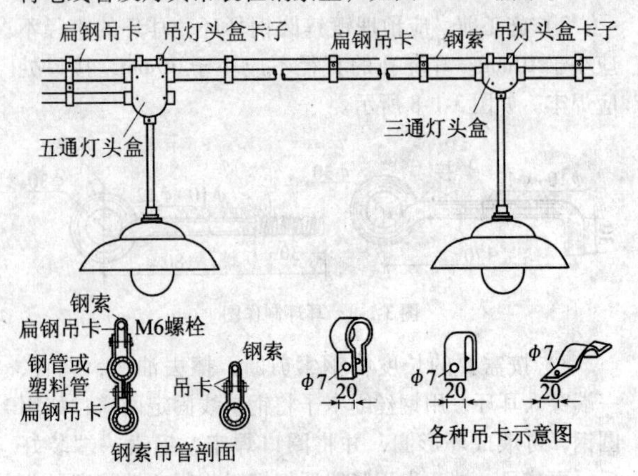

图 3-1-11　钢索吊管灯具安装做法图

确定好灯位，装上吊灯头卡子和扁钢卡子，然后开始配管，按各段管的长度、断管、套丝、弯管等，再将线管用扁钢卡子固定在钢索上。金属管还应做接地。

管路安装结束后进行管内穿线，并连接好导线和安装开关、灯具等。

② 钢索吊装瓷珠配线。在钢索上吊装瓷珠配线同吊管配线方法相似，只是把吊管用的扁钢吊卡改成安装瓷珠和灯具的吊卡。安装方法如图 3-1-12、图 3-1-13 所示。

③ 钢索吊装塑料护套线。一般采用铝片卡子将导线固定在钢索上，固定间距不大于 200mm，灯头盒固定同上，导线进入灯头盒间距不大于 100mm，安装方法如图 3-1-14 所示。

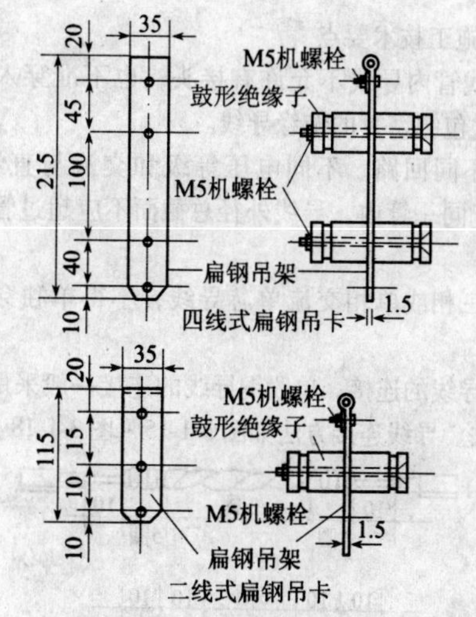

图 3-1-12　瓷珠在扁钢吊卡上安装

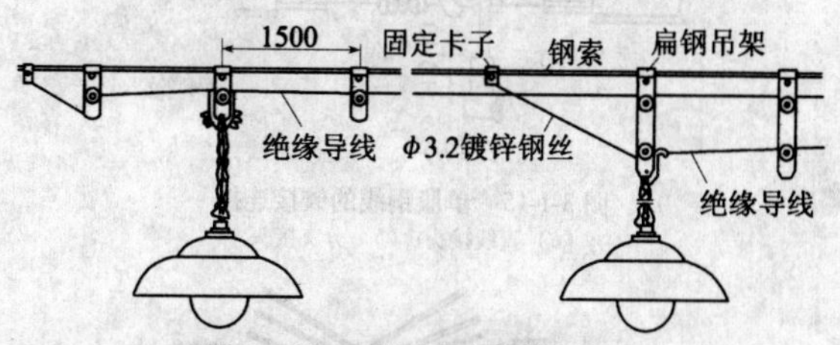

图 3-1-13　钢索吊瓷珠安装示意图

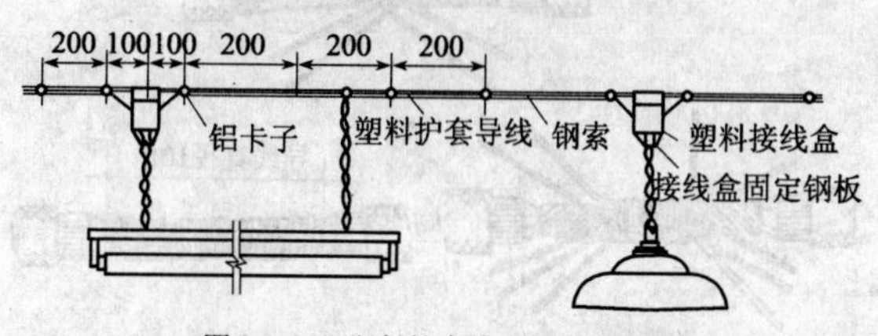

图 3-1-14　塑料护套线在钢索上安装

5）施工技术要点

① 线管内导线不允许有接头，也不准穿入绝缘破损后经过包缠恢复的绝缘导线。

② 不同回路、不同电压等级和交流与直流导线，不得穿于同一管内，导线外径总截面不应超过管内面积的 40%。

③ 三相或单相交流单芯导线，不得单独穿于钢导管内。

④ 导线的连接。单股铜导线的连接一般采用铰接法和绑扎法。导线连接方法如图 3-1-15～图 3-1-18 所示。

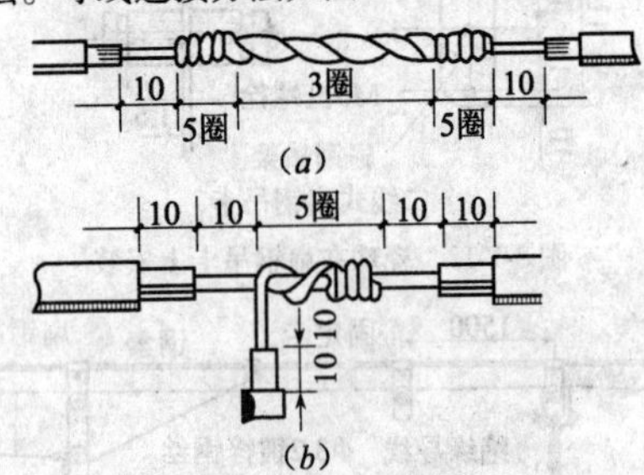

图 3-1-15　单股铜线的铰接连接
(a) 直线接头；(b) 分支接头

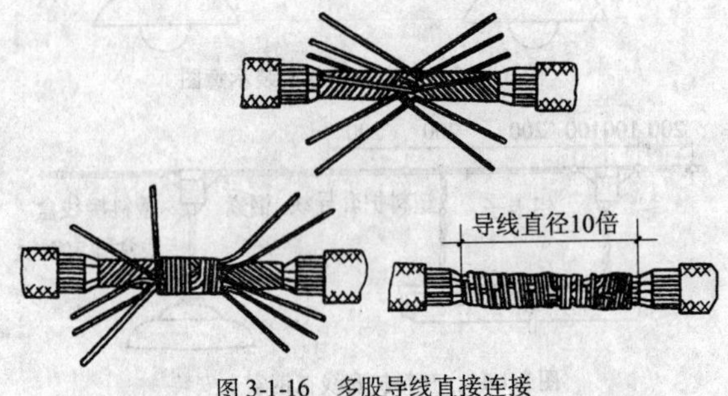

图 3-1-16　多股导线直接连接

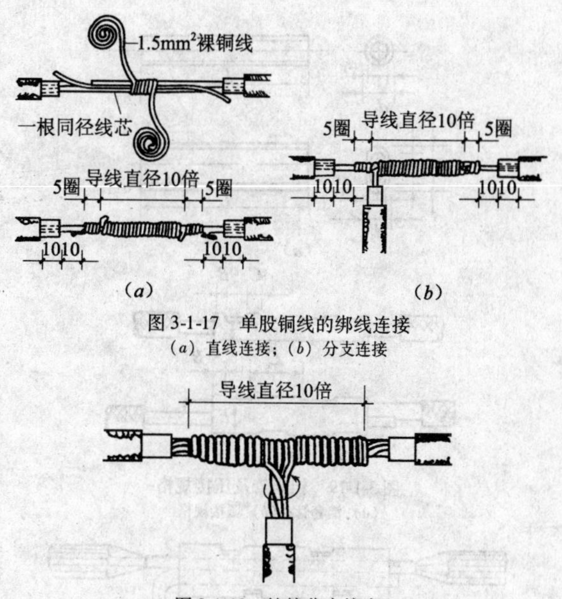

图 3-1-17　单股铜线的绑线连接

(a) 直线连接；(b) 分支连接

图 3-1-18　铰接分支接头

⑤ 导线在接线盒内的连接。

A. 单芯导线接头，导线绝缘台并齐合拢。在距绝缘台约 12 ~ 15mm 处用其中一根线芯在其连接端缠绕 5 ~ 7圈后剪断，把余头并齐折回压在缠绕线上进行搪锡处理。

B. 不同直径导线接头，如果独根导线截面为 2. 5mm² 或多股软线时，则应先进行搪锡处理。

C. 套管压接：套管压接是采用与线径规格相符的专用套管，用液压钳进行压接，使导线与导管连成一体。如图 3-1-19、图 3-1-20 所示。

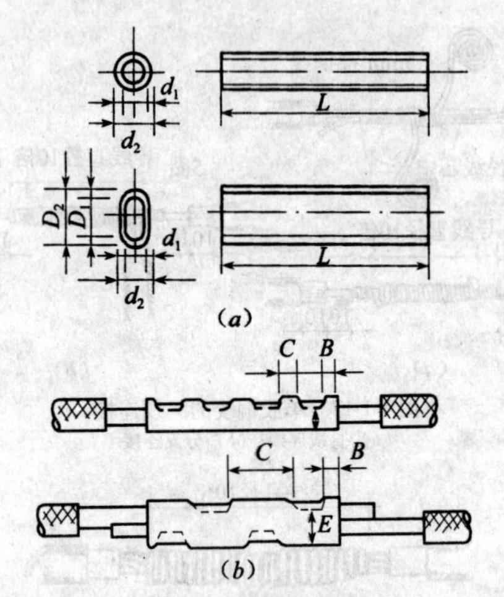

图 3-1-19　铝套管及压接规格
(*a*) 铝套管；(*b*) 压接规格

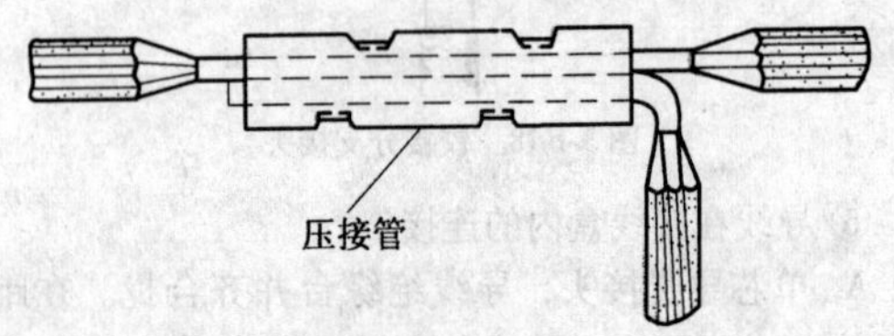

图 3-1-20　管压法分支连接

3.1.2　电气照明装置的安装

(1) 普通灯具的安装

1) 灯具检查

照明装置安装中使用的电气设备及材料，均应符合要求，并具有合格证件，设备应有铭牌。灯具外观应完好无损，配件齐全。

2) 灯具组装

① 选择较干净的场地，将灯具的包装箱、保护膜拆开铺好。

② 参照说明书将各组件连成一体。

③ 注意相线与零线的颜色区分，螺口灯座的中心簧应接相线，不能混淆。

3）灯具安装

① 吊灯安装：普通吊灯的安装一般有三种形式。软线安装、吊链式安装和钢管安装。软线安装需要有吊灯盒和塑料绝缘台两种配件。塑料绝缘台安装，应用两个螺栓固定。吊灯的安装，首先将塑料绝缘台打孔，导线从孔内穿出，然后把绝缘台固定在接线盒上。再将吊盒与绝缘台固定好。导线取适当长度（一般 12 ~ 15mm）固定在吊盒的端子上，灯线的一端盘好安全扣后同样固定在吊盒内的端子上。单股导线可顺时针方向盘圈压接，多股软线要先搪锡后再压接。然后扣上吊盒扣碗。

② 吸顶灯安装：一般座灯头安装，将导线留出一定余量，绝缘台打孔将导线穿出后固定在接线盒上，再将灯具直接固定在绝缘台上，将导线压接好。

③ 壁灯安装：将灯具安装在墙上或柱上。壁灯安装一般在结构施工中预埋好管、线和灯头盒，也可采用明配线。根据灯具的规格型号不同，可采用金属胀管或塑料胀塞直接固定在墙上或柱上。座灯头壁装要先将绝缘台固定在墙面或柱面上，再将灯具固定在绝缘台上，并将导线压接好。

④ 荧光灯的安装：荧光灯的安装一般有吸顶式、吊装式（链吊、杆吊）、嵌入式三种。安装时要按电路图正确接线，开关应装在镇流器一端，镇流器、启辉器、电容器与光源要相互匹配。

(2) 吊顶花灯的安装

吊顶上花灯的安装应根据灯具的重量采取不同的安装固定方法。一般重量较轻的小型灯具可直接安装在龙骨或附加龙骨上；大型吊灯一般在结构施工时预留金属吊钩，将灯具固定在吊钩上。花灯吊钩圆钢直径不应小于灯具挂销直径，且不应小于6mm。大型吊灯的安装，应按灯具重量的两倍做过载试验。

1) 轻型吊杆灯在吊顶上安装

灯具重量在1kg及以下时，可采用不少于2个机螺栓将灯具固定在吊顶的中龙骨上，如图3-1-21所示。

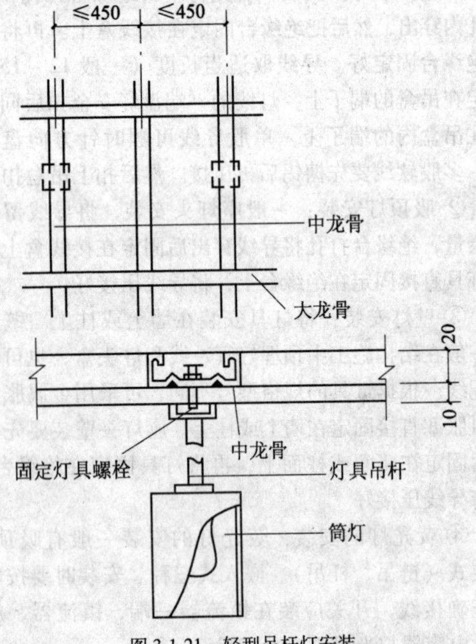

图3-1-21　轻型吊杆灯安装

2）大型吊灯在吊顶上安装

重量在8kg及以下吊灯在安装时，需要在吊顶的大龙骨上增设一个附加大龙骨，将附加大龙骨放置吊顶大龙骨上边并固定牢固，再将灯具固定在附加大龙骨上，具体安装如图3-1-22所示

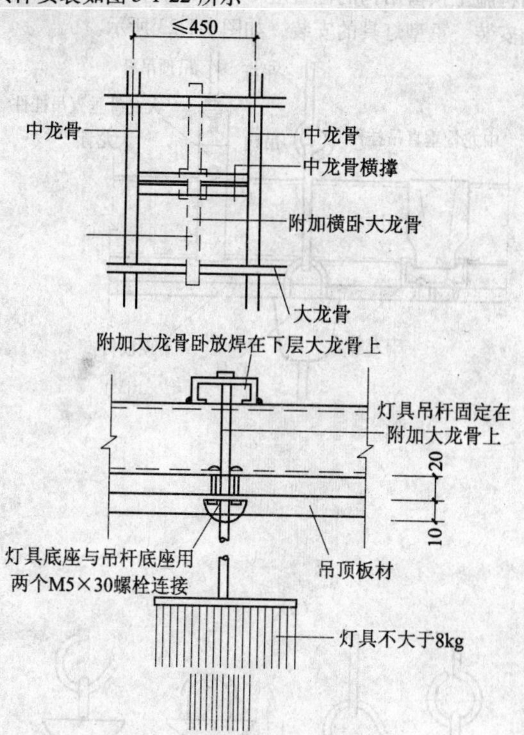

图3-1-22　大型吊灯在吊顶工程中安装

3）重型灯具在吊顶上安装

8kg以上的灯具一般被称为重型灯具。由于灯具重

量较重，所以在安装时，不允许安装在吊顶龙骨上或使用原吊顶用吊件，应将灯具固定安装在混凝土梁或混凝土楼板上。固定灯具的吊钩一般在结构施工时预留，吊钩的长度和弯钩的形状应根据灯具情况具体确定。土建结构施工预留吊钩的位置应尽可能的准确，以利于灯具的安装。重型灯具的安装，如图 3-1-23 所示。

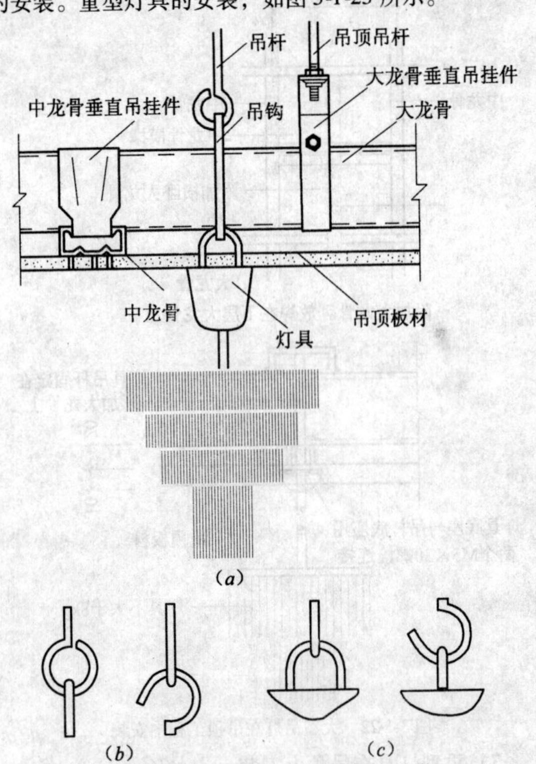

图 3-1-23　重型吊灯在吊顶工程中安装

(*a*) 灯具安装示意图；(*b*) 灯具吊杆；(*c*) 灯具吊钩

(3) 嵌入式灯具的安装

1) 顶棚开口

顶棚开口应根据灯具型号规格在吊顶施工时预留洞口。灯具固定在专设的框架上，注意电源线不应贴近灯具外壳。小型筒灯嵌入式安装时，在吊顶施工时龙骨要避开灯具所占位置，在吊顶板安装完后再挖孔安装灯具。

大面积的嵌入式灯具，要根据灯型预留洞口，加工好边框，有些灯具还需要在龙骨上补强部位增加附加龙骨，如图 3-1-24 所示。

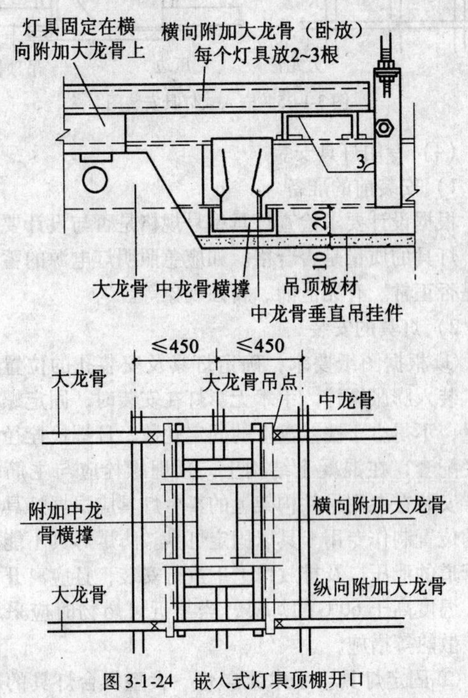

图 3-1-24　嵌入式灯具顶棚开口

2）灯具安装

将灯具导线与电源线做可靠连接并包扎好后，将灯具推入预留孔洞内固定，使灯具边框与顶板面贴严密。灯具如果是成排安装，应排列整齐，偏差不应大于5mm。灯具与顶板的连接固定如图3-1-25所示。

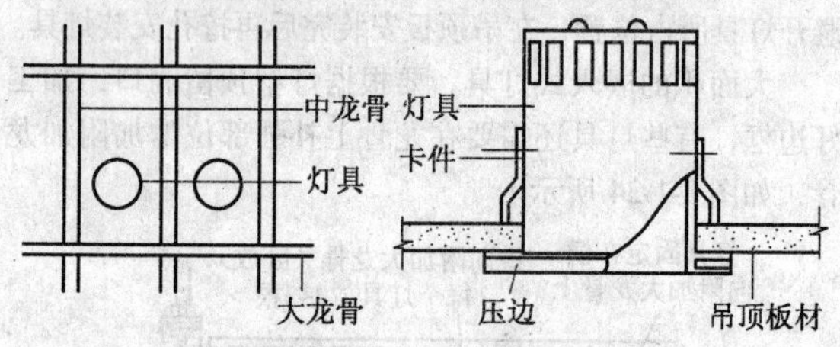

图3-1-25 嵌入式灯具安装图

（4）专用灯具安装

1）安装前的准备

根据设计要求检查灯具型号规格是否与设计要求相符，灯具的质量是否合格。如应急照明灯电源的蓄电装置是否正常、有无泄漏、腐蚀现象等。

2）灯具的安装

① 根据图纸要求，确定灯具及安装孔的位置，打孔，装入膨胀螺栓。手术无影灯在安装时，固定螺栓的数量，不得少于法兰盘上的固定孔数，且螺栓栓径应与孔径配套，在混凝土结构上，预埋螺栓应与主筋相焊接。安装在专用吊件构架上的舞台灯具应根据灯具安装孔的位置制作专用卡具以固定灯具。防爆灯具不能在各种管道的泄压口及排放口上下进行安装，且应离开放射源。温度高于60℃的灯具，当靠近可燃物时应采取隔热、散热等措施。

② 固定灯具。手术无影灯、大型舞台灯具的固定

螺栓应采用双螺母紧固。分置式灯具变压器的安装应选择通风良好的地方，并应避开易燃物品。

③ 灯具的导线连接要求。

A. 多股铜芯导线接头应搪锡，与接线端子压接应牢固。

B. 36V 及以上照明变压器外壳、铁芯和低压侧一端中性点均应接保护地线或接零线。

C. 防爆灯具开关与接线盒丝扣连接啮合扣数应不少于 5 扣，并在丝扣处涂上电力复合脂，不能用非防爆零件代替灯具配件。

D. 水下灯具电源进线应采用绝缘导管与灯具连接，严禁采用金属护层导管。绝缘导管与灯具的连接处应密封良好。

(5) 建筑物彩灯、航空标志灯和庭院灯的安装

1) 彩灯吊索、支架等装置制作安装。根据图纸设计要求及灯具安装说明制作灯具吊索、支架等装置。彩灯悬挂挑臂应采用 10 号槽钢，开口吊钩螺栓直径不小于 10mm，钢丝绳直径应不小于 4.5mm，应做好防腐处理。

2) 灯具安装。

① 建筑物彩灯安装。建筑物顶部彩灯灯具应使用有防雨性能的灯具，安装时应将灯罩装紧。管路间连接和进入灯头盒均应丝接，金属架构及钢索应做好保护接地。

② 建筑物外墙射灯、泛光灯的安装。将灯具用镀锌螺栓安装固定在专用支架上，并用平垫圈及弹簧垫圈固定。从电源接线盒至灯具接线盒的导线，应穿金属软管保护，灯泡、变压器等发热部件应避开易燃物品。

③ 航空标志灯安装。灯具固定可采用膨胀螺栓固定或用镀锌螺栓固定在专用金属架上。当灯具在烟囱顶上安装时，应在烟囱口以下 1.5 ~ 3m 的部位呈三角形水平排列。航空障碍标志灯应具有防雨措施。安装灯具的金属构架应可靠接地。

④ 庭院灯的安装。当庭院灯具采用落地式灯具时，应根据灯具的底座做好基础，预埋好螺栓，预埋电源接线盒。灯具接线盒盖防水密封垫完好，盒盖安装时固定钉要对角上紧，使盖板受力均匀。灯具不带电的金属部位应可靠接地。

⑤ 危险场所灯具的安装。安装前，应检查灯具及导线的连接和绝缘状况，确认良好后方可安装。

管口、管与盒的连接应严密，缘口盖和接线盒与管盒间，应加石棉垫。

绝缘导线穿过盖板时，应穿入软绝缘保护管内，该绝缘管进盒内 10mm 左右为宜。

直接安装于顶棚或墙、柱上的灯具设备等，应在建筑物与照明设备之间，加装厚度不小于 2mm 的橡胶垫或石棉垫。

3.2 配电箱安装

3.2.1 配电箱安装的技术要求

（1）配电箱应安装在安全、干燥、易操作场所，配电箱安装时底口距地一般为 1.5m。

（2）配电箱上配线需排列整齐，绑扎成束，在活动的部位两端应用卡子固定。盘面引进引出导线应有适当余度，以便于检修。

（3）金属配电箱带有器具的门均应有明显可靠的

裸软铜线接地。

(4) 配电箱上的母线应涂有黄A相(L1)、绿B相(L2)、红C相(L3)、淡蓝(N零线)、黄绿相间双色(PE线)的色标。

(5) 配电箱安装应牢固、平正、整洁、间距均匀、端子无松动、启闭灵活、零部件齐全。

(6) 配电箱上应标明用电回路名称。

3.2.2 各种配电箱的安装方法

(1) 悬挂式配电箱安装

悬挂式即明装配电箱，一般安装在墙上或柱子上。直接安装在墙上时，应预埋固定螺栓，固定螺栓的规格和间距，应根据配电箱的规格和重量确定安装尺寸。螺栓一般采用M10长度120~150mm。配电箱的安装如图3-2-1所示。

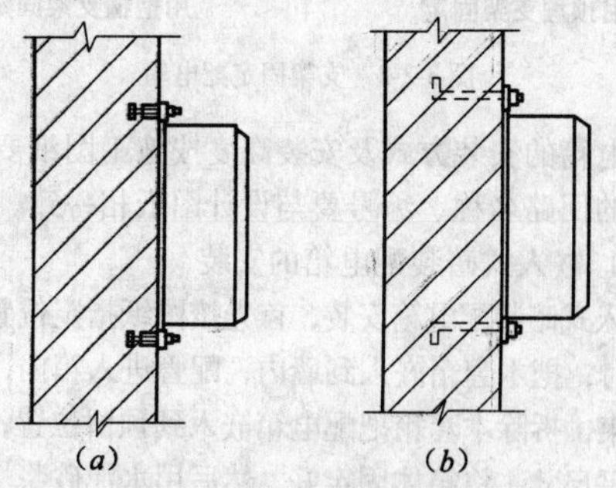

图3-2-1 悬挂式配电箱安装
(a) 墙上胀管螺栓安装；(b) 墙上螺栓安装

施工时，先在墙上定位、打孔，埋设螺栓(或采用金属膨胀螺栓)。用干硬性水泥填充，待水泥达到一定强度后即可安装配电箱。配电箱在安装时，要注意配电箱的平正、垂直度要符合规范要求。

配电箱安装在支架上时，首先是金属支架的加工，根据配电箱的规格加工支架，然后将支架固定在墙上或预埋在结构中，也可固定在柱子上，再用螺栓将配电箱固定在支架上，并安装牢固，箱板方正和垂直。图 3-2-2 为支架上安装示意图。

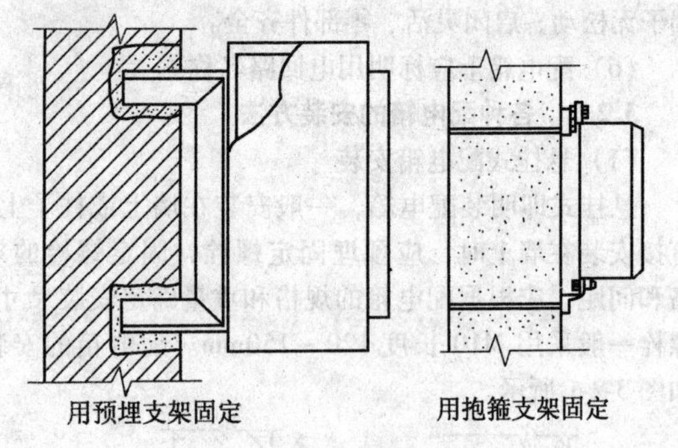

图 3-2-2　支架固定配电箱

配电箱的安装方式及安装高度按施工图纸要求。配电箱上的回路名称、编号要与设计图纸相一致。

(2) 嵌入式暗装配电箱的安装

嵌入式暗装配电箱安装，首先按图纸指定位置，在结构施工时，把木套箱嵌入到墙内，配管进入箱内，待土建施工结束，拆除木套箱把配电箱嵌入到预留位置，找出标高及水平尺寸，将箱体固定好，然后用水泥砂浆填实箱体周边并抹齐，待水泥砂浆凝固后再将盘面贴脸安装好。

(3) 配电箱的落地式安装

配电箱落地安装时，一般安装在根据箱、柜尺寸预制的混凝土基座上，也可安装在型钢支座上。如图 3-2-3 所示。

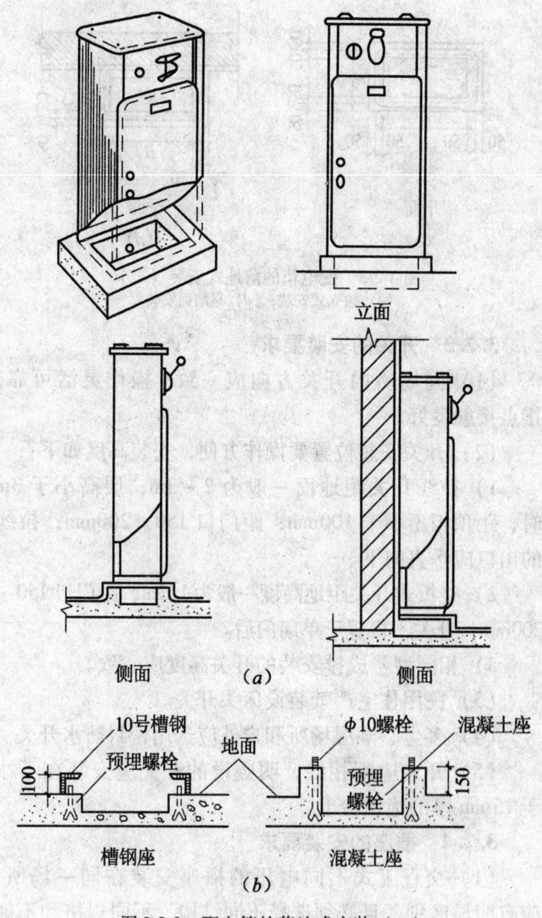

图 3-2-3 配电箱的落地式安装（一）
（*a*）安装示意图；（*b*）配电箱基座示意图

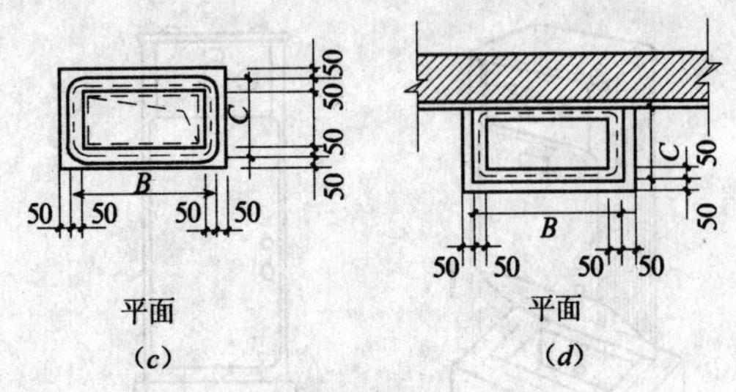

图 3-2-3　配电箱的落地式安装（二）
（*c*）独立式安装；（*d*）靠墙面安装

3.2.3　开关的安装要求

（1）同场所内开关方向应一致，操作灵活可靠，接点接触良好。

（2）开关安装位置要操作方便，安装高度如下：

1）拉线开关距地面一般为 2～3m；层高小于 3m 时，距顶板不小于 100mm；距门口 150～200mm；拉线的出口应垂直向下。

2）跷板式开关距地高度一般为 1.3m，距门口 150～200mm；开关不得置于单扇门后。

3）相同型号成排安装的开关高度应一致。

（3）民用住宅严禁装设床头开关。

（4）多尘、潮湿场所和户外应选用密封防水开关。

（5）开关应断相线，明敷设的开关应安装在不小于 15mm 厚的绝缘台上。

3.2.4　插座的安装要求

（1）交直流式不同电压的插座安装在同一场所，应有明显区别，且必须选择不同结构、不同规格和不能互换的插座，配套的插头也应相应配制。

（2）单相三孔、三相四孔插座的接地或接零线均应在上方，插座的接地与接零不能连接，同一场所的三相插座相序应一致。

（3）插座的安装高度规定如下：

1）暗装和工业用插座距地面不应低于300mm，特殊场所暗装插座不低于150mm。

2）在儿童活动场所和民用住宅中应采用安全插座。采用普通插座时不应低于1.8m。

（4）暗装插座应有与之配套的专用盒，面板安装在盒上应端正严密，与墙面平整。

（5）在特别潮湿和有易燃、易爆气体、粉尘场所，应采用密封型带保护接地线，保护型插座。

（6）地面插座面板与地面应平齐、紧贴地面、盖板牢固、密封良好。

（7）开关插座的安装。明装开关插座的安装，首先将绝缘台固定在墙面上，然后再将开关插座安装在绝缘台上。暗装时，要有专用的接线盒，一般是先期预埋固定，在预埋盒时要考虑抹灰层厚度，抹灰后墙面与盒口平齐。待穿完线后再将开关、插座安装固定在盒上，并保持面板的端正、贴紧墙面。

安装开关的一般方法，如图3-2-4所示。所有开关均应串接在电源的相线。各开关的通断位置应一致。

插座安装方法与开关安装方法基本相同。接线要符合规定。一般接线方法为，面向插座左孔为零线，右孔接相线，上孔接保护零线或地线，且线的颜色也要有所区别，并符合规范要求。三相四孔插座接线面对插座左孔L1、下孔L2、右孔L3、上孔为PE线。

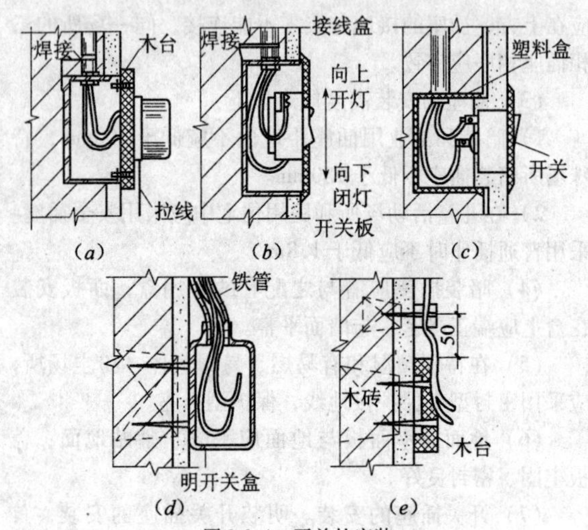

图 3-2-4　开关的安装

(a) 拉线开关；(b) 暗扳把开关；(c) 活装扳把开关；
(d) 明管开关或插座；(e) 明线开关或插座

3.2.5　吊扇的安装

吊扇的安装需预埋吊扇钩，要在结构施工时将预制好的吊钩与结构钢筋相连。

(1) 吊扇钩的要求

1) 吊钩应能承受吊扇重量，吊扇的垂心和吊扇垂直部分应在同一条直线上，如图 3-2-5 所示。

2) 吊扇预留长度应以吊扇护罩全部罩住吊钩为宜。

3) 现场制作的吊钩，其直径应不小于吊扇销钉直径，且不小于 8mm，防松装置齐全有效。

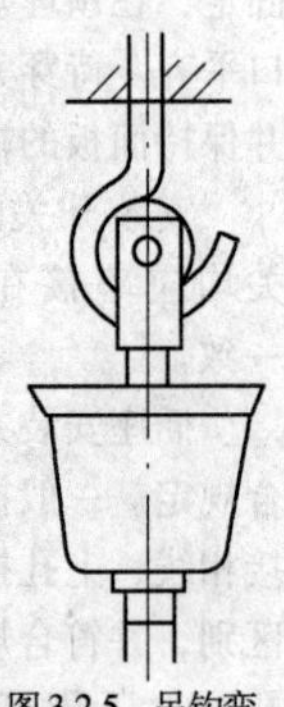

图 3-2-5　吊钩弯制尺寸和安装要求示意图

4）预埋混凝土中的吊钩应与主筋焊接。或将吊钩弯钩后，钩在主筋上并绑扎好。吊钩或螺栓预埋件按设计要求 2 倍于负荷重量做过载试验。

（2）扇叶距地面高度不应低于 2.5m。

（3）吊杆上的悬挂销钉必须装设防振橡皮垫及防松装置。

（4）吊扇在组装时，不能改变吊扇角度。

（5）接线正确，运转时扇叶不能有明显颤动现象。

3.3 防雷接地装置

3.3.1 防雷装置及其安装

（1）避雷针

避雷针通常采用镀锌圆钢或镀锌钢管制成，其直径不应小于下列数值。

当针长为 1m 以下时，圆钢直径为 12mm，钢管直径为 20mm。

当针长为 1~2m 时，圆钢直径为 16mm，钢管直径为 25mm。

烟囱顶上避雷针，圆钢直径为 20mm。

（2）避雷带、避雷网

避雷带、避雷网一般采用镀锌圆钢或镀锌扁钢制成。其尺寸一般不应小于下列数值：圆钢直径为 8mm，扁钢截面积 48mm^2，厚度 4mm。

装设在烟囱顶端的避雷环，一般采用镀锌圆钢或镀锌扁钢，圆钢直径不小于 12mm，扁钢截面积不得小于 100mm^2，厚度不小于 4mm。避雷带（网）距屋面一般 100~150mm，支持支架之间距离一般 1~1.5m。支架可固定在墙上或沿混凝土块支架敷设。引下线采用镀锌圆钢或镀锌扁钢，圆钢直径不小于8mm，扁钢截面积不小于48mm²，厚度为4mm。引下线可沿建筑物外墙明敷设，固定在埋设墙内的支持卡子上。支持卡子的间距为1.5m。也可以暗敷设，将引下线埋入结构内，或利用结构主筋作为引下线。引下线一般不少于2根。

采用避雷带时，屋顶上任何一点距离避雷带不应大于10m。当有3m及以上平行避雷带时，每隔30~40m宜将平行的避雷带连接起来。屋顶上装设多支避雷针时，两针间距离不大于30m。屋顶上单支避雷针的保护范围可按60°保护角确定。

3.3.2 接地装置及其安装

(1) 人工接地体的安装

1) 人工接地体的常见安装形式如图3-3-1所示。

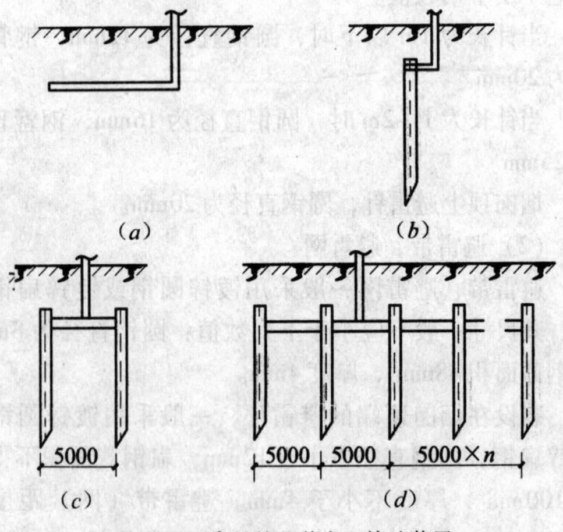

图3-3-1 常见的几种人工接地装置

(a) 水平带式；(b) 单极；(c) 双极；(d) 多极

垂直接地体可采用圆钢、角钢或钢管，且应为镀锌材料。垂直接地体长度一般为2.5m，接地体埋设间距一般不小于5m。接地体下端加工成尖形。如图3-3-2所示。装设接地体前，需按图纸要求先挖沟。接地装置需埋于地表层以下，一般埋设深度不应小于0.6m。一般挖沟深度0.8～1m。埋设沟挖好后应立即敷设接地体。一般采用手锤将接地体直接打入土中，当打到接地体露出沟底长度约100～200mm时停止打入，然后再打入相邻一根。根据设计图纸依次打入后，接地体间用镀锌扁钢或圆钢连接起来。连接采用焊接方法，即水平接地体与垂直接地体的连接。

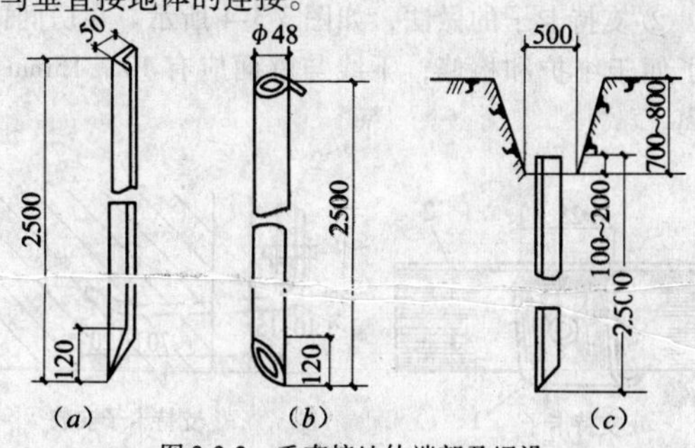

图3-3-2　垂直接地体端部及埋设
(a) 角钢；(b) 钢管；(c) 接地体的埋设

2）水平接地体的安装：水平接地体多采用镀锌圆钢或镀锌扁钢安装。埋设深度一般在0.6～1m之间，不能小于0.6m，几根并联。其根数及长度按设计要求。常见的水平接地体有带形、环形和放射形。如图3-3-3所示。

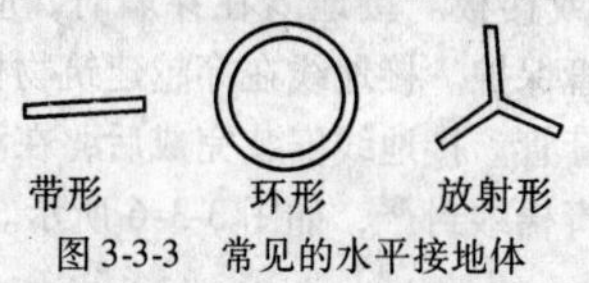

图3-3-3　常见的水平接地体

环形接地体是用圆钢或扁钢焊接而成，水平埋设于地下 0.7m，每根长度按设计要求。

放射形接地体的放射根数一般为 3 根或 4 根，埋设深度不小于 0.7m，每根长度按设计要求。

（2）接地线的安装

1）接地干线的安装

室内明敷设接地干线，一般采用螺栓连接或焊接方法固定在 250～300mm 的支持卡子上，支持件的间距如下：

① 水平安装 1～1.5m；转弯或分支处 0.5m；垂直安装 1.5～2m；转弯处 0.5m。

② 支持卡子的做法，如图 3-3-4 所示。在房间内，为了便于维护和检修，干线与墙面应有 10～15mm 的距离。

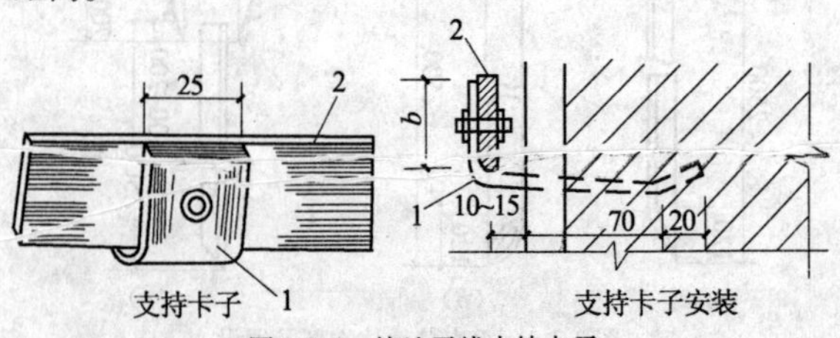

图 3-3-4　接地干线支持卡子
1—支持卡子；2—接地干线

③ 接地线在穿越建筑物的伸缩缝、沉降缝时，应留有伸缩余量，并在伸缩缝、沉降缝两边加以固定。如图 3-3-5 所示。

④ 穿墙或楼板。接地线在穿墙时，应在墙的穿地线部位加套管保护。接地线在穿越建筑物楼板时，应预留洞或预埋套管。接地线安装完成后，在洞的两端或钢管两端用沥青棉纱封严，如图 3-3-6 所示。

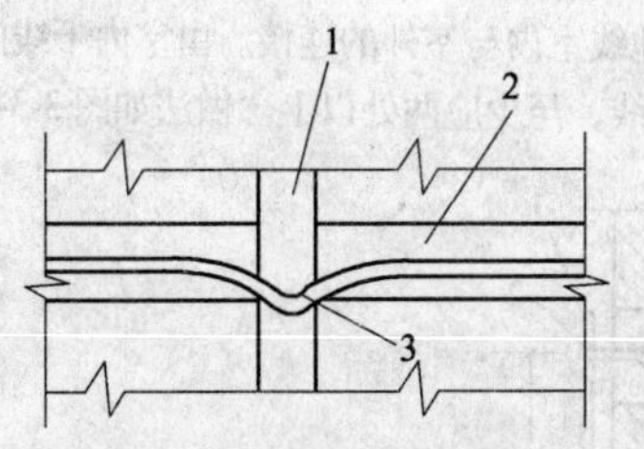

图 3-3-5　接地线通过伸缩缝（或沉降缝）的做法

1—伸缩缝（或沉降缝）；2—接地干线；3—ϕ12 钢筋

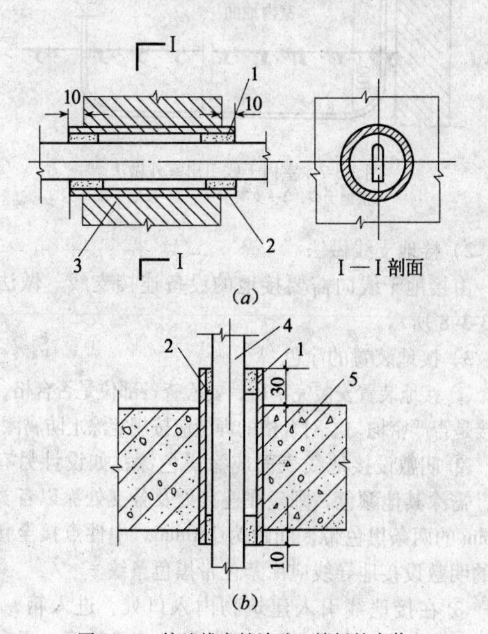

图 3-3-6　接地线穿越墙壁、楼板的安装

（a）穿墙；（b）穿楼板

1—沥青棉纱；2—ϕ40 钢管；3—砖墙；4—接地线；5—楼板

⑤ 接地线室内与室外的连接。由室内干线向室外接地网的连接地线，至少应两处以上。做法如图 3-3-7 所示。

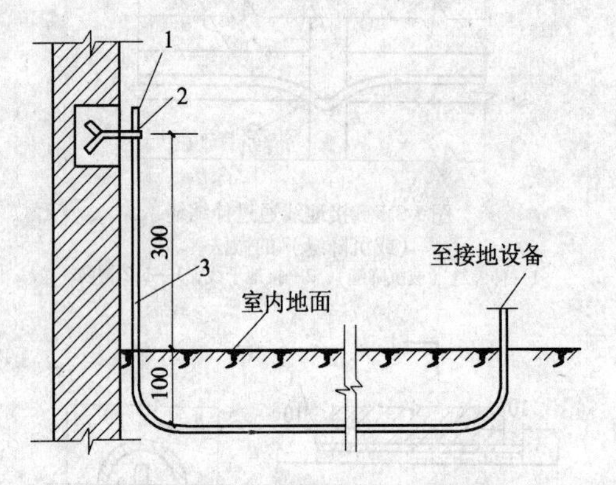

图 3-3-7 室内干线引出室外做法
1—接地干线；2—支架卡子；3—接地支线

2）接地支线做法

由接地干线向需要接地的设备连接支线。做法如图 3-3-8 所示。

3）接地装置的涂色

① 接地装置安装完毕后，要检查各部位是否合格，如焊接是否严密均匀。对合格的焊缝应按规定涂上防腐漆。

② 明敷设接地线表面应涂黑色漆；如设计另有要求，需涂其他颜色，则应在连接处及分支处涂以各宽为 15mm 的两条黑色带，间距为 150mm。中性点接至接地网的明敷设接地导线应涂紫色带黑色条纹。

③ 在接地线引入建筑物内入口处，进入箱、柜、盘处，应有标识“⏚”，以引起维护人员注意，以利维修、安装方便。

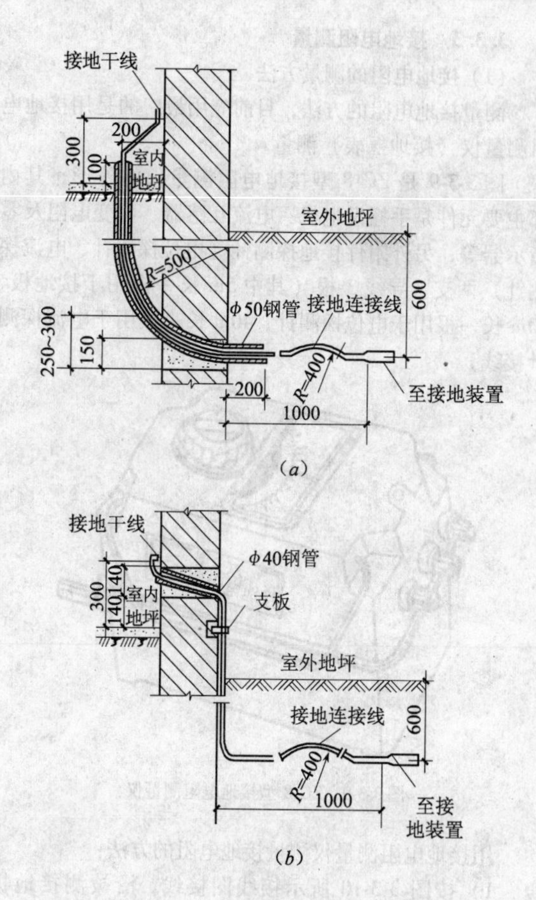

图 3-3-8　接地线由建筑物内引出安装

(*a*) 接地线由室内地坪下引出；(*b*) 接地线由室内地坪上引出

3.3.3 接地电阻测量

(1) 接地电阻的测量方法

测量接地电阻的方法，目前应用最广的是用接地电阻测量仪（接地摇表）测量。

图 3-3-9 是 ZC-8 型接地电阻测量仪的外形，其内部主要元件是手摇发电机、电流互感器、可变电阻及零指示器等，另外附件接地探测针（电位探测针、电流探测针）两支、导线 3 根（其中 5m 长一根用于接地极、20m 长一根用于电位探测针、40m 长一根用于电流探测针接线）。

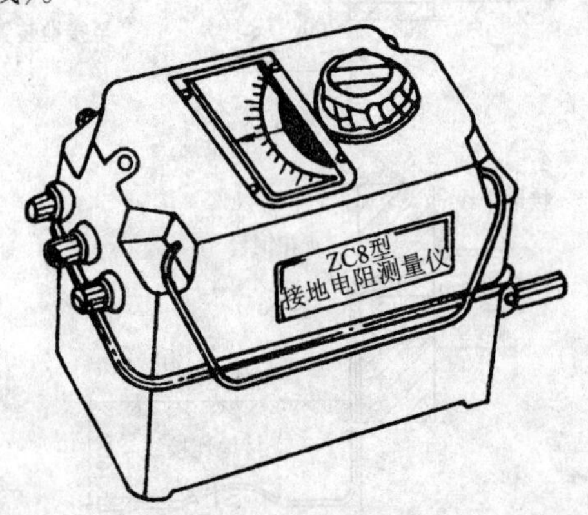

图 3-3-9　ZC-8 型接地电阻测量仪

用接地电阻测量仪测量接地电阻的方法：

1）按图 3-3-10 所示接线图接线。沿被测接地极 E'，将电位探测针 P' 和电流探测针 C' 依直线彼此相距 20m，插入地中。电位探测针 P' 要插在接地极 E' 和电流探测针 C' 之间。

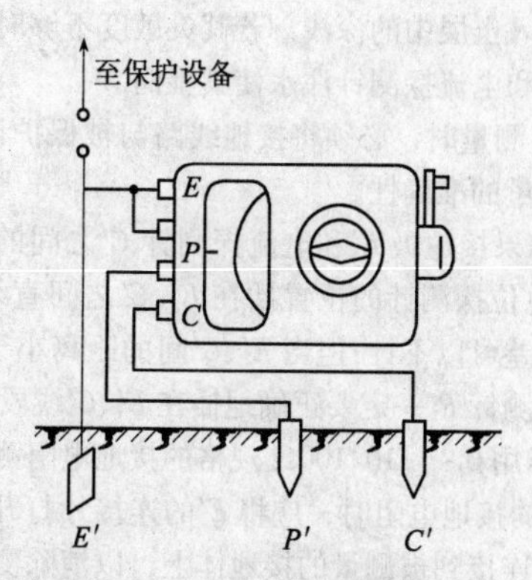

图 3-3-10　接地电阻测量接线

E′—被测接地体；P′—电位探测针；C′—电流探测针

2）用仪表专用导线分别将 E′、P′、C′连接到仪表上的端子 E、P、C 上。

3）将仪表水平放置，调整零指示器，使零指示器指针指到中心线位置上。

4）将“倍率标度”置于最大倍数，慢慢转动仪表手柄，同时旋动“测量标度盘”，使零指示器指针指于中心线。在零指示器指针接近中心线时，加快手柄转速，使其达到每分钟 120 转以上，并调整“测量标度盘”，使指针指于中心线。

5）如果“测量标度盘”的读数小于 1 时，应将“倍率标度”置于最小倍数，然后再重新测量。

6）当指针完全平衡指向中心线上后，将此时“测量标度盘”的读数乘以倍率标度，即为所测的接地电阻值。

7）注意事项：

① 当“零指示器”的灵敏度过高时，可调整电位

探测针插入土层中的深浅，若其灵敏度不够时，可沿电位探测针和电流探测针注水使其湿润。

② 在测量时，必须将接地线路与被保护设备断开，以确保测量的准确性。

③ 如果接地极 E'和电流探测针 C'之间的距离大于 20m 时，电位探测针的位置插在 E'、C'之间直线外几米，则测量误差可以不计；但当 E'、C'间的距离小于 20m 时，则电位探测针 P'一定要正确地插在 E'、C'线段之间。

④ 当用 0 ~ 1/10/100Ω 规格的接地电阻测量仪测量小于 1Ω 的接地电阻时，应将 E'的连接片打开，然后分别用导线连接到被测量的接地体上，以消除测量时连接导线电阻造成的附加测量误差。

（2）降低接地电阻的措施

流散电阻与土层的电阻有直接关系。土层电阻率越低，流散电阻也就越低，接地电阻也就越小。所以遇到电阻率较高的土层，如沙质、岩石以及长期冰冻的土层，装置人工接地体，要达到设计要求的设计阻值，往往要采取一些措施，常用方法如下：

1）对土层进行混合或浸渍处理

在接地体周围土层中适当混入一些木炭粉、炭黑等以提高土层的导电率或用食盐溶液浸渍接地体周围的土层，对降低接地电阻也有明显效果。近年来还有采用木质素等长效化学降阻剂，效果也十分显著。

2）更换接地体周围土层

将接地体周围换成电阻率较低的土层，如黏土、黑土、砂质黏土、加木炭粉土等。

3）增加接地体埋设深度

当碰到地表岩石或高电阻率土层不太厚、而下部就是低电阻率土层时，可将接地体采用钻孔深埋或开挖深埋至低电阻率的土层中。

3.3.4 等电位联结

（1）建筑物等电位联结包括总等电位联结、辅助等电位联结、局部等电位联结。

1）总等电位联结

在建筑物内设置总等电位箱，将箱内端子板（接地母排）与进线配电箱的PE（PEN）母排、公共设施的金属管道、建筑物的金属结构及人工接地的接地引线等互相连通，以达到降低建筑物内间接接触电击的接触电压和不同金属部件间的电位差，并消除自建筑物外经电气线路和各种金属管道引入的危险故障电压伤害，即为总等电位联结。

2）辅助等电位联结

将干线或辅助局部等电位箱的连接线，形成网络连接，环形网络与等电位总干线或局部等电位箱的联结。

3）局部等电位联结

当需要在局部场所内作等电位联结时，可通过局部等电位箱端子板将PE母线、PE干线、公共设施的金属管道及建筑物金属结构等部分互相连通，称为局部等电位联结。

（2）等电位联结的规定

1）建筑物每一电源进线处都应做总等电位联结，各个总等电位箱之间应互相连通。

2）金属管道连接处可不做跨接线，但给水系统的水表应加跨接线。

3）空调器的金属门、窗框或靠近电源插座的金属门、排风机的金属外壳、伸臂范围内的金属栏杆、顶棚龙骨等应做等电位联结。

4）煤气管道在进户处，应插入绝缘段，以与户外地下管线隔离。为防止雷电电流在煤气管道内产生电火花，在此绝缘段两端应跨接火花放电间隙。

5）一般场所离人站立处不超过10m的距离内如有地下金属管线或结构即可认为满足等电位要求，否则应在地下加装等电位带。

6）等电位联结内各联结导体间的连接可采用焊接，也可采用螺栓连接或熔焊。等电位端子板应采用螺栓连接，以便进行定期检测。

7）等电位联结线可采用塑料绝缘铜线，也可采用镀锌扁钢或镀锌圆钢。用铜线做等电位联结时一般要穿塑料管敷设，其最小截面规定如表3-3-1所示。

等电位线路最小允许截面　表3-3-1

材　料	截面积（mm^2）	
	干　线	支　线
铜	16	6
钢	50	16

8）等电位联结安装完毕后，应进行导通性测试，如发现导通不良的管道连接处，应作跨接线。

（3）施工工艺

1）总等电位箱、局部等电位箱的安装，要根据图纸设计要求，如设计无要求，则总等电位箱一般安装在电源进线或进线配电盘下方。确定好安装位置后，将等电位端子箱固定好。

2）等电位联结线敷设。等电位联结线施工做法见图3-3-11所示。

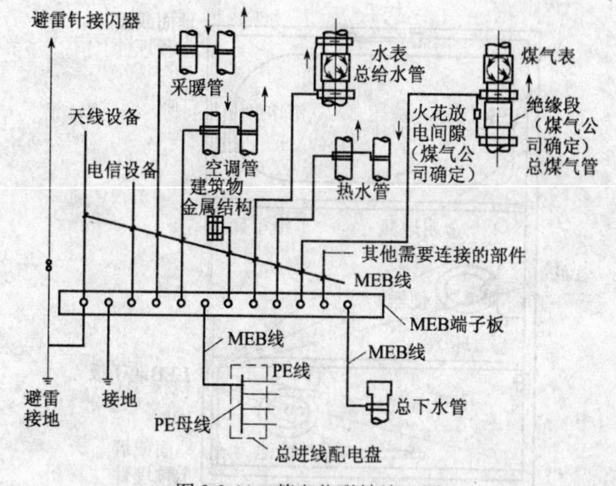

图 3-3-11　等电位联结施工图

3）厨房、卫生间局部等电位敷设。

① 在厨房、卫生间内便于检测的位置设置局部等电位箱。箱内端子板与等电位干线连接。地面内的钢筋网、混凝土墙内的钢筋等应与等电位联结线连通。厨房、卫生间内的金属地漏、下水管等设备通过等电位联结线与局部等电位端子板连接。连接时抱箍与管道接触面应刮擦干净，安装完毕后刷防护漆。具体做法见图 3-3-12 所示。

② 厨房、卫生间地面或墙内暗敷设不小于 25mm × 4mm 镀锌扁钢构成环状，地面内钢筋、墙内钢筋应与等电位联结线连接。厨房、卫生间地漏，下水道等金属设备通过等电位联结线与扁钢连通。抱箍的大小应以管道外径相配套。具体做法如图 3-3-13 所示。

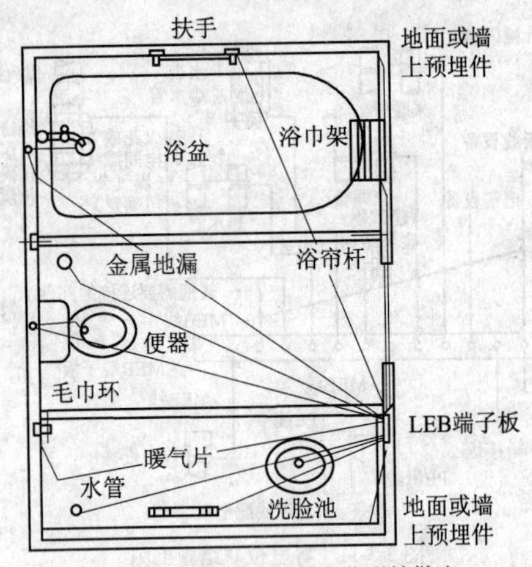

图 3-3-12　卫生间局部等电位联结做法一

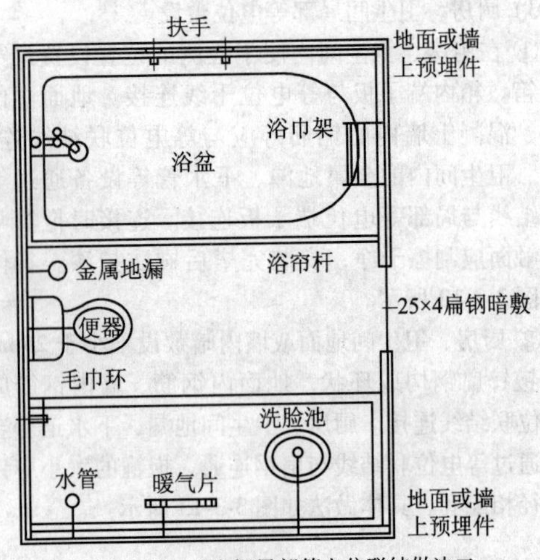

图 3-3-13　卫生间局部等电位联结做法二

4）游泳池等电位联结。

① 在游泳场、馆内便于监测的部位安装等电位端子箱、金属地漏、金属管道设备通过等电位连接与等电位端子板连通。

② 若室内原无 PE 线，则不应引入 PE 线，将装置外不带电的可导电的金属部分相互连接即可。因此，室内也不宜采用金属套管或金属护套电缆。

③ 在游泳池地面无钢筋时，应敷设电位均衡导线，间距为 0.6m，最少有两处横向连接。如在地面下敷设供暖管线，电位均衡导线应位于供暖管线上方。电位均衡导线也可按 150mm × 150mm 的网格式敷设。

④ 一般做法见图 3-3-14。

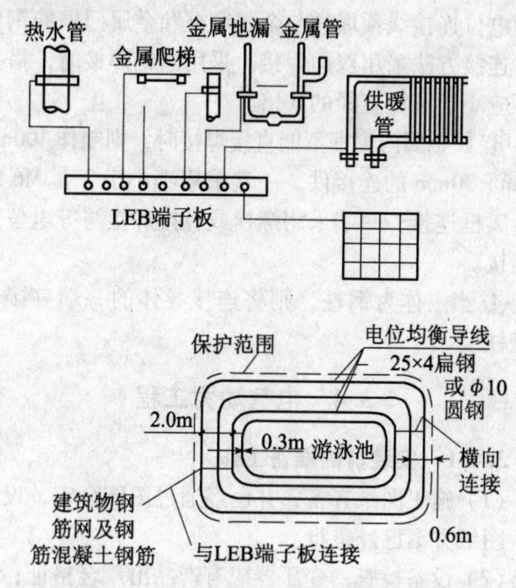

图 3-3-14　游泳池等电位施工图（一）

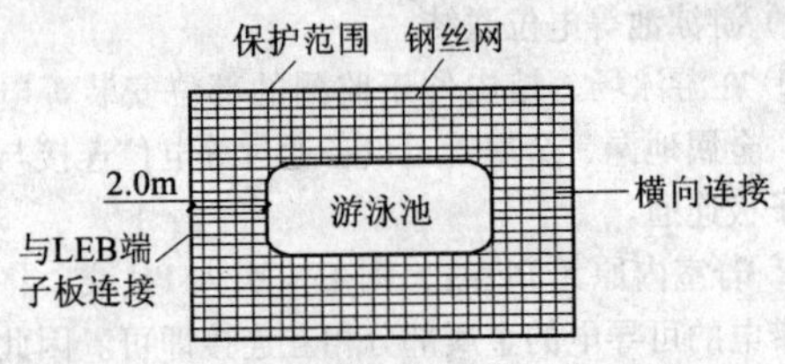

图 3-3-14 游泳池等电位施工图（二）

5）金属门窗等电位连接。

① 根据设计图纸所示位置于柱内或圈梁内预留预埋件，预埋件一般采用 100mm × 10mm 的钢板，预埋件于柱内或圈梁内主筋焊接。

② 使用 12mm 镀锌圆钢或 25mm × 4mm 镀锌扁钢板做等电位连接线预埋件与金属窗框和金属门框的钢板连接。连接方法采用双面焊接。采用圆钢焊接时，搭接长度不应小于圆钢直径的 6 倍。

③ 如金属门窗框不能直接焊接时，则制作 100mm × 30mm × 30mm 的连接件，一端采用不小于 2 套 M6 螺栓与金属框连接，一端采用螺栓或直接焊接与等电位连接线连接。

④ 当主体为钢柱，则将连接导体的一端直接焊接在钢柱上。

3.4 电气动力工程

3.4.1 安装前的准备工作

（1）施工图纸齐备，并已经通过图纸会审，设计交底；图纸方案已经审批。

（2）设备检查：变压器应有产品出厂合格证；技术文件齐全；型号、规格和设计相符；附件、备件齐全完好。

(3) 变压器本体及各附件外表应无损伤和漏油现象，密封应完好，表面无缺陷。

3.4.2 变配电设备安装

(1) 对变压器油进行耐压试验。

电力变压器新装或大修后对油要做绝缘耐压试验。变压器油是油浸式变压器的主要绝缘冷却介质。它的电气性能、化学性能好坏，会直接影响变压器运行状况。如果变压器油中含有少量水分和杂质，其绝缘强度会迅速下降，油与氧气接触，在高温状态下易氧化而变质老化。这些都将影响变压器的绝缘性能，甚至出现故障，影响变压器的正常运行。因此，在进行变压器交流耐压试验前，先要进行变压器油击穿强度试验。

油的电气强度试验是在油样内放入准电极，施加工频电压，当电压升到一定值时，电极间会发生火花放电，即油被击穿。开始击穿时的电压即油的绝缘强度。耐压试验标准，新油：用于15kV及以下变压器油的电气绝缘耐压不低于25kV；用于20~35kV变压器的油耐压不低于35kV。运行中的油：15kV及以下变压器的油耐压不低于20kV；20~25kV以上变压器的油耐压不低于30kV。

(2) 测量变压器的绝缘电阻。

变压器绝缘电阻的测量，是对变压器内部绝缘电阻值的检查，同时通过吸收比等试验可以判断绝缘纸板、套管等局部缺陷和受潮情况。

测量电阻值时对额定电压1000V以上的变压器绕组用2500V兆欧表，1000V以下的用1000V兆欧表。所测绝缘电阻值不应低于被试变压器出厂试验数值的7%或不低于表3-4-1中规定值。

油浸式电力变压器绝缘
电阻的允许值（MΩ）　表3-4-1

高压线圈电压等级	温度（℃）							
	10	20	30	40	50	60	70	80
3～10kV	450	300	200	130	90	60	40	25
20～35kV	600	400	270	180	120	80	50	35
60～220kV	1200	800	540	360	240	160	100	70

（3）交流耐压试验。

《电气装置安装工程电力变压器、油浸电抗器、互感器施工及验收规范》GBJ 148—90 规定，电压35kV及以下且容量为8000kVA以下的变压器应进行耐压试验，试验电压标准见表3-4-2。

电力变压器工频交流
耐压试验标准（kV）　表3-4-2

额定电压	0.4及以下	3	6	10	15	20	35	110
最高工作电压		3.5	6.9	11.5	17.5	23	40.5	126
出厂耐压试验电压	5	18	25	35	45	55	85	200
交接耐压试验电压	4	15	21	30	38	47	72	170

变压器的工频交流耐压试验是变压器检测项目中最严格的试验，施加的电压很高，一些危险性较大的集中缺陷会通过耐压试验检测出来。试验时对试品施加超过正常工作电压一定倍数的交流电压是经过一定时间（一般为1min）用来模拟变压器在运行中的过电压作用。主要是对其绝缘性能的检验。

（4）转动变压器调压装置，检查操作是否灵活，接触点是否可靠，接触是否良好。

(5) 检查滚轮距是否与基础铁轨轨距相吻合。

(6) 吊芯检查。

变压器运到现场后，应进行器身检查。器身检查可分为吊芯或不吊芯直接进入油箱内进行两种。当满足下列条件之一时，可不进行器身检查：制造厂规定可不进行器身检查者；容量为1000kVA及以下，运输过程中无异常情况者；就地生产仅作短途运输的变压器、电抗器，如果事先参加了制造厂的器身总装，质量符合要求，且在运输过程中进行了有效监督，无紧急制动、剧烈振动、冲撞或严重颠簸等异常情况者。器身检查时应符合下列规定：

1) 周围空气温度不低于0℃，器身温度不低于周围空气温度；当器身温度低于周围空气温度时，器身应加热，使其温度高于周围空气温度10℃。当空气相对湿度小于75%，器身暴露在空气中的时间不宜超过16h。调压切换装置吊出检查，调整时，暴露在空气中的时间应符合规定。时间计算规定：带油运输的变压器、电抗器，有揭开顶盖或打开任意堵塞算起，到开始抽真空或注油为止。器身检查时，场地四周应清洁和有防尘措施；雨雪天或雾天不应在室外进行。

2) 钟罩起吊前，应拆除所有与其相连的部件。钟罩或器身起吊时，吊索与铅锤线的夹角不宜大于30°，必要时可采用控制吊梁。起吊过程中，器身与箱壁不得有碰撞现象。

(7) 器身检查的主要项目和要求应符合下列规定。

1) 运输支撑和器身各部位应无移动现象，运输用的临时防护装置及临时支撑应予拆除，并经过清点作好记录以备查。所有螺栓应紧固，并有防松措施；绝缘螺栓应无损坏，防松绑扎完好。

2）铁芯应无变形，铁轭与夹件间的绝缘垫应良好；铁芯应无多点接地；铁芯外的接地变压器，拆开接地线后铁芯对地绝缘应良好；打开夹件与铁轭接地片后，铁轭螺杆与铁芯、铁轭与夹件、螺杆与夹件间的绝缘应良好；当铁轭采用钢带绑扎时，钢带对铁轭的绝缘应良好；打开铁芯屏蔽接地线，检查屏蔽应良好；打开夹件与线圈压板的连接线，检查压钉绝缘应良好；铁芯拉板及铁轭拉带应紧固，绝缘良好。

3）绕组绝缘层应完整，无缺损、变位现象；各绕组应排列整齐，间隙均匀，油路无堵塞；绕组压钉应紧固，防松螺母应锁紧。绝缘围屏绑扎牢固，围屏上所有线圈引出处的封闭应良好。引出线绝缘包扎牢固，无破损、拧弯现象；引出线绝缘距离应合格，固定牢固；引出线的裸露部分应无毛刺或尖角，引出线与套管的连接应牢靠，接线应准确。

4）无励磁调压切换装置各分接头与线圈的连接应紧固正确；各分接头应清洁，且接触紧密，弹力良好；所有接触的部分，用0.05mm×10mm塞尺检查，应塞不进去；转动接点应正确地停留在各个位置上，且与指示器所指位置一致；切换装置的拉杆、分接头凸轮、小轴、销子等应完整无损；转动盘应动作灵活，密封应良好。

5）有载调压切换装置的选择开关，范围开关应接触良好，分接引线应连接正确，牢固、切换开关部分密封良好。必要时抽出切换开关芯子进行检查。绝缘屏障应完好，且固定牢固，无松动现象。检查强油循环管路与下轮绝缘接口部位的密封情况。检查各部位应无油泥、水滴和金属屑末等杂物。

(8) 变压器、电抗器是否需要进行干燥，需进行综合判断后确定。设备进行干燥时，必须对各部温度进行监控。当为不带油干燥利用油箱加热时，箱壁温度不得超过110℃，箱底温度不得超过100℃，绕组温度不宜超过95℃；带油干燥时，上层油温不得超过85℃；热风干燥时，进风温度不得超过100℃。干式变压器进行干燥时，其绕组温度应根据其绝缘等级而定。

保持温度不变的情况下，绕组的绝缘电阻下降后再回升，110kV及以下的变压器、电抗器持续6h，220kV及以上的变压器、电抗器持续12h保持稳定，且无凝结水产生时，可认为干燥完毕。也可采用测量绝缘件表面的含水量来判断干燥程度。干燥后的变压器、电抗器应进行器身检查，所有螺栓压紧部分应无松动，绝缘表面应无过热等异常情况。如不能及时检查时，应先注以合格油，油温可预热至50~60℃，绕组温度应高于油温。

3.5 室外架空电力线路

3.5.1 架空配电线路及其结构

(1) 架空配电线路结构

架空配电线路主要由基础、电杆、导线、金具、绝缘子和拉线等组成。电杆装置如图3-5-1所示。

1) 电杆基础

电杆基础是指电杆埋在地下部分，包括底盘、卡盘和拉线盘。其作用是使电杆安装牢固防止电杆因承受垂直荷载和水平荷载而产生上拔、下沉或者倾倒。底盘、卡盘、拉线盘常见图形如图3-5-2所示。

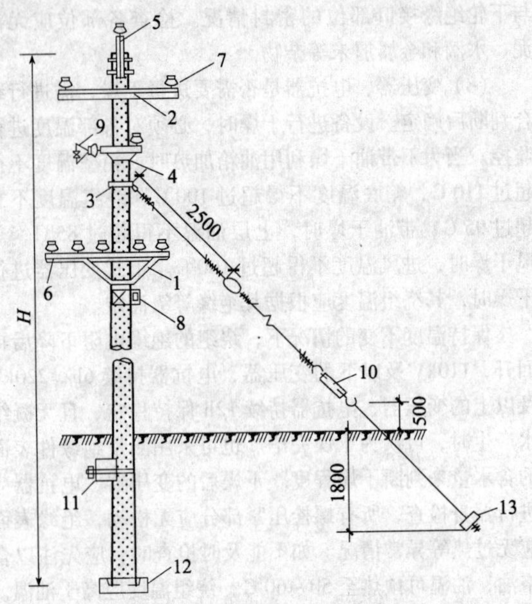

图 3-5-1　钢筋混凝土电杆装置示意图

1—低压五线横担；2—高压二线横担；3—拉线抱箍；4—双横担；5—高压杆顶支座；6—低压针式绝缘子；7—高压针式绝缘子；8—蝶式绝缘子；9—悬式绝缘子和高压蝶式绝缘子；10—拉紧装置；11—卡盘；12—底盘；13—拉线盘

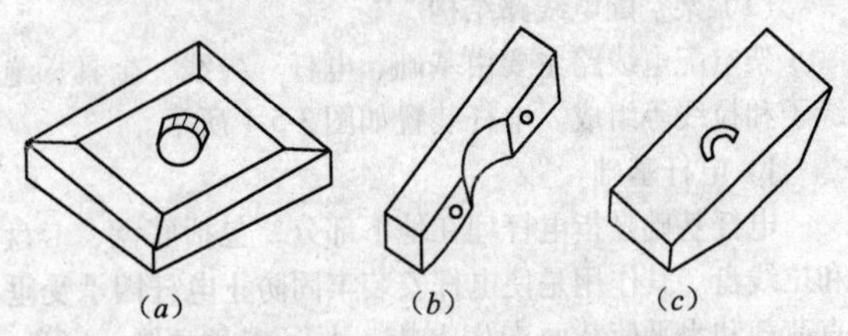

图 3-5-2　底盘、卡盘和拉线盘

(*a*) 底盘；(*b*) 卡盘；(*c*) 拉线盘

2）电杆及杆型

电杆按其材质分，有木电杆、钢筋混凝土电杆、铁杆和铁塔等。其中钢筋混凝土电杆，现在被广泛使用。

根据电杆在线路中所处位置和受力情况不同，一般把电杆分为直线杆、耐张杆、转角杆、终端杆、分支杆、跨越杆等杆型。如图 3-5-3 所示。

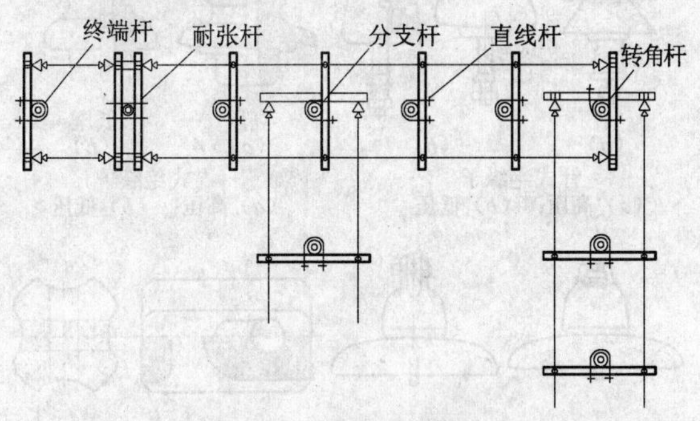

图 3-5-3　各种电杆的特征

3）导线

架空线路的导线通常采用硬铝绞线和钢芯铝绞线。

4）横担

横担装在电杆上端，用来安装绝缘子或电气设备等。

横担按使用的材质分有木横担、铁横担、陶瓷横担三种。铁横担目前应用最广。

5）绝缘子

绝缘子又称瓷瓶，是用来固定导线并使导线之间、导线与横担、导线与电杆保持绝缘；同时也承受导线的垂直与水平荷载。

绝缘子按电压等级分：有低压绝缘子和高压绝缘子两种。按外形分：有针式绝缘子、蝶式绝缘子、悬式绝缘子和拉紧用的菱形、蛋形拉线绝缘子。常用的绝缘子外形如图 3-5-4 所示。

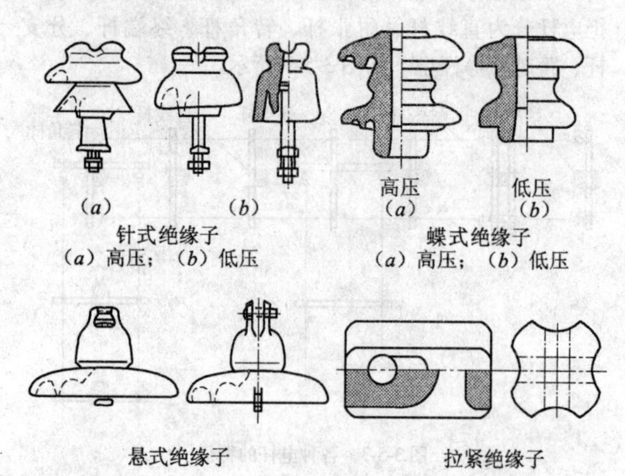

图 3-5-4　常用绝缘子外形

6）金具

架空线路中所用的抱箍、线夹、钳接管、垫铁、穿芯螺栓、花篮螺栓、球头挂环、直角挂板和碗头栓板等统称金具。它是用来固定横担、绝缘子、拉线、导线的各种金属连接固定件。

7）拉线

在架空线路中，凡承受不平衡荷载较显著的电杆，一般可选用安装拉线，以保证电杆的稳固，拉线可分为以下几种类型：

① 尽头拉线：用于终端杆和分支杆；

② 转角拉线：用于转角杆；

③ 人字拉线：用于杆基础较差和交叉跨越加高杆及较长的耐张段的直线杆上；

④ 高桩拉线（又叫水平拉线）：用于跨越杆；

⑤ 自身拉线：用于受地形限制，不能采用一般拉线处。

以上几种拉线如图 3-5-5 所示。

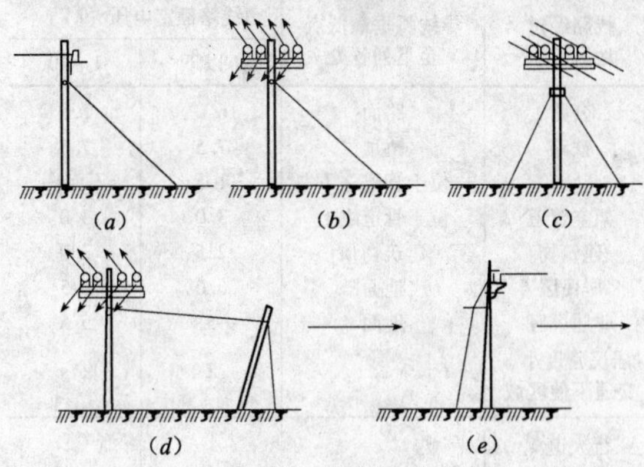

图 3-5-5　拉线的种类
(a) 尽头拉线；(b) 转角拉线；(c) 人字拉线；
(d) 高桩拉线；(e) 自身拉线

(2) 架空配电线路的有关规定

1) 架空线路常用术语的含义。

档距：指相邻两电杆之间的水平距离。

跨距：指两耐张杆之间的水平距离。

弧垂：指相邻两根电杆导线紧固的假象连线与实际导线最低点的垂直距离。

间隔：指架空导线对地面、河面、路面及构筑物、建筑物的距离。

2）为了确保线路的安全运行和防止意外人身触及事故，规定了架空线路与其他设施交叉、接近时的距离，及导线对地面、河面和各种路面的最小垂直距离，见表3-5-1。

架空电力线路与构筑物交叉、接近时允许最小距离（m） 表3-5-1

线路经过地区性质	导线弧垂最低点至下列各处	线路额定电压（kV）	
		1以下	1～10
公路	路面	6.0	7.0
铁路	轨顶	7.5	7.5
架空管道	位于管道之下	1.5	不允许
	位于管道之上	3.0	3.0
建筑物	建筑物顶	2.5	3.0
居民区	地面	6.0	6.5
非居民区	地面	5	5.5
居民密度小、交通不便区域		4	4.5
行人道、小街、小巷： （1）裸导线 （2）绝缘导线		 3.5 2.5	

3）厂区架空配电线路，经常有同一电杆上架设多种类线路的情况，例如高压电力线路，低压供电线路，广播通信线路等。不同电压等级的线路在同一杆上架设时，高压电力线路装在最上面，低压供电线路在高压线路下面，广播通信线路在低压线路下面，并按规范要求保持一定的间距。

4）杆上线路排列相序应符合下列要求：高压线路，

面对负荷方面，从左至右导线的排列顺序为 A、B、C；低压供电导线的相序排列为 A、N、B 、C。在一个区域内中性线的位置应统一。

3.5.2 基础施工

（1）杆坑与拉线坑的定位

1）杆坑定位根据施工图、基础地形确定线路的走向，然后确定耐张杆、转角杆、终端杆等的位置。最后确定直线杆的位置，随即打入桩标，作好编号。在转角杆、终端杆、耐张杆或加强杆的位置，在标桩上要表明杆型，以便挖拉线坑。

2）拉线坑定位

直线杆的拉线与线路中心线平行或垂直；转角杆的拉线位于转角的平分角线上（电杆受力的反方向）。拉线与电杆中心线的夹角一般为 45°，受限制地区角度可小到 30°。拉线坑与电杆的水平距离 L 可按下式计算：

$$L = (\text{拉线高度} + \text{拉线坑深度}) \times \tan\phi \qquad (3\text{-}5\text{-}1)$$

式中 ϕ——拉杆与电杆中心线夹角；

L——拉线坑与电杆中心线的水平距离。

（2）挖坑

坑分为杆坑和拉线坑两种。杆坑有圆形坑和梯形坑。对于不带卡盘或底盘的电杆，通常挖成圆形坑，如图 3-5-6 所示。

圆形坑挖土方量较少，对电杆的稳定性好。对于杆身较重及带卡盘的电杆，为了方便，可挖成梯形坑。如图 3-5-7 所示。

当采用人力立杆时，坑的一面应挖出坡道。挖土时，杆坑的马道要开在立杆方向，挖出的土往线路两侧 0.5m 以外堆放。

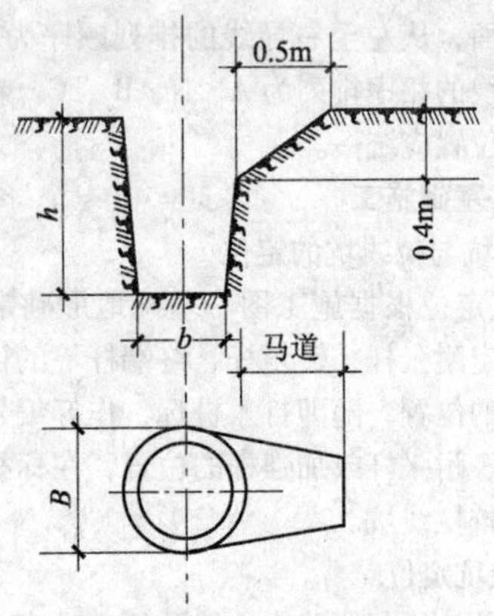

图 3-5-6　圆杆坑

$B=b+0.4h+0.6$（一般黏土）；

$b=$ 基础底面 $+(0.2\sim0.4)$ m

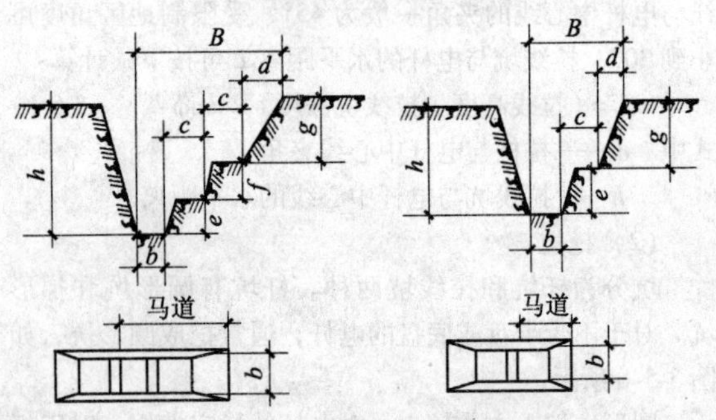

图 3-5-7　电杆梯形坑的截面形式

三阶杆坑

$B\approx1.2\times h$

$b\approx$ 基础底面 $+(0.2\sim0.4)$ m

$c\approx0.35\times h$

$d\approx0.2\times h$

$e\approx0.3\times h$

$f\approx0.3\times h$

$g\approx0.4\times h$

二阶杆坑

$B\approx1.2\times h$

$b\approx$ 基础底面 $+(0.2\sim0.4)$ m

$c\approx0.7\times h$

$d\approx0.2\times h$

$e\approx0.3\times h$

$g\approx0.7\times h$

拉线坑可按同样方法挖掘，深度一般为1～1.2m。

电杆埋设深度与电杆长度及当地土质情况有关，在一般土层情况下，电杆埋设深度见表3-5-2。

电杆埋设深度（m）　　表3-5-2

杆长	8.0	9.0	10.0	11.0	12.0	13.0	15.0
埋深	1.5	1.6	1.7	1.8	1.9	2.0	2.3

杆坑挖完后，坑底应铲平夯实。

注意事项：

1）所用工具必须坚实牢固。

2）当坑深超过1.5m时，坑内人员必须戴安全帽。

3）严禁在坑内休息。

4）挖坑时，坑边不得堆放重物，工器具不能放在坑壁上。

5）在行人通过地区，坑挖好后应设护栏，夜间应装设红色信号灯，以防行人跌入坑内。

（3）底盘和拉线盘的吊装与找正

1）吊装底盘、拉线盘的方法

当底盘、拉线盘、重量小于300kg时，可用撬杠将底盘、拉线盘撬入坑内；当底盘重量超过300kg时，可用人字桅杆吊装。

2）底盘和拉线盘找正

将底盘放入坑后，把前后辅助桩上的圆钉连成一线，然后在钢丝上量出中心点，从中心点放下线坠，使线坠尖端对准底盘中心。最后用泥土将底盘四周填实，使底盘固定。

拉线盘的找正，拉线盘安放以后，将拉线棒方向对准杆坑中心的标杆或已立好的电杆，使拉线棒与拉线盒垂直，将拉线埋入槽内，填土夯实。

3.5.3 电杆组立及施工

（1）电杆组装

1）将电杆、金具等运到杆位，并对照施工图核实电杆、金具等的规格和质量情况。

2）用支架垫起杆身上部，量出横担安装位置→套上抱箍→穿好垫铁及横担→垫好平光垫圈、弹簧垫圈→用螺母紧固。紧固时注意找平、找正。然后安装连板、杆顶支座抱箍、拉线等。

3）同杆架设的双回路或多回路线路，横担间的垂直距离不应小于表3-5-3数值。

同杆架设线路横担间的最小垂直距离表（mm）　　表3-5-3

敷设方式	直线杆	分支或转角杆
10kV与10kV	800	500
10kV与1kV以下	1200	1000
1kV以下与1kV以上	600	300

4）1kV以下线路的导线排列方式可采用水平排列；电杆最大档距不大于50m，导线间的水平距离为400mm，但靠近电杆的两导线间的水平距离不应小于500mm。

5）横担的安装。当线路为多层排列时，自上而下的顺序为：高压、动力、照明、路灯；当线路为水平排列时，上层横担距杆顶不宜小于200mm。

6）螺栓的穿入方向一般为：水平顺线路方向，由送电侧穿入；垂直方向，由下向上穿入。开口锁钉应从上往下穿。

(2) 横担及绝缘子安装

1) 横担的安装应符合下列要求：

① 直线杆的横担应装在负荷侧。

② 转角杆、分支杆、终端杆以及受导线张力不平衡的地方，横担应装在张力的反方向侧，90°转角杆及终端杆一般采用双横担。

③ 多层横担应装在同一侧。

④ 横担安装应水平且与线路方向垂直，其倾斜度不应大于1/100。

⑤ 一般低压横担固定如图3-5-8所示。

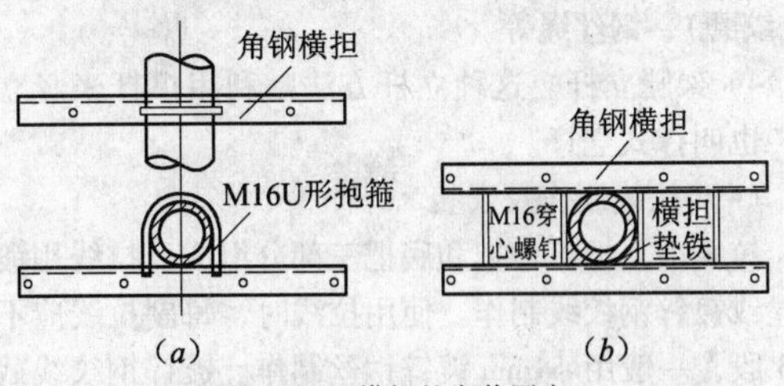

图3-5-8　横担的安装固定

(a) 单横担；(b) 双横担

2) 绝缘子安装。安装绝缘子并清除表面灰垢、附着物及不应有的涂料。针式绝缘子一般用螺母固定；蝶式绝缘子安装一般用穿钉螺栓穿过蝶式绝缘子，再用螺母固定。

(3) 立杆

立杆方法很多，常用的有以下几点：

汽车吊立法、三脚架法立杆、倒落式立杆、架腿立杆。

1) 汽车吊立法：立杆时，先将吊车开到距坑适当位置加以固定。然后在电杆（从根部量起）1/2～2/3处结一根起吊钢丝绳，再在杆顶向下500mm处临时结三根调整绳。起吊时，坑边站两人负责电杆根部入位，另由三人各扯一根调整绳，站成以坑为中心的三角形，由一人指挥。当杆顶吊离地面0.5m时，对各处绳扣进行一次安全检查，确认没问题后再继续起吊。

电杆竖起后，要调整好杆位，回填一部分土，然后校正好杆身垂直度及横担方向，再回填土。每回填300mm应夯实一次，填到卡盘安装部位为止。

2）三脚架法立杆。它主要是依靠在三脚架上的小型卷扬机，上下两只滑轮，以及牵引钢丝绳等来吊立电杆。

3）倒落式立杆。主要用人字桅杆、滑轮、卷扬机（或绞磨）、钢丝绳等。

4）架腿立杆。这种立杆方法是利用撑杆来竖立电杆，也叫撑式立杆。

（4）拉线制作及安装

拉线由上把、中把和底把三部分组成，拉线用镀锌钢丝或镀锌钢绞线制作。使用拉线时，每副拉线应不少于3股，一般用ϕ4mm镀锌钢丝制作。镀锌钢绞线截面应不小于25mm^2。

1）拉线制作。拉线用镀锌钢丝或镀锌钢绞线制作。使用镀锌钢丝时，将成捆的ϕ4mm镀锌钢丝放开抻拉，使其挺直，以便束合。将拉直的钢丝按需要股数合在一起，另用ϕ1.6～1.8mm镀锌钢丝在适当处以一端压住另一端地拉紧绳扎3～4圈，然后将两端头拧在一起成为拉线节，形成束合线。

2）拉线安装。埋设拉线盘，做拉线上把和拉线中把，拉线终端绑扎如图3-5-9所示。

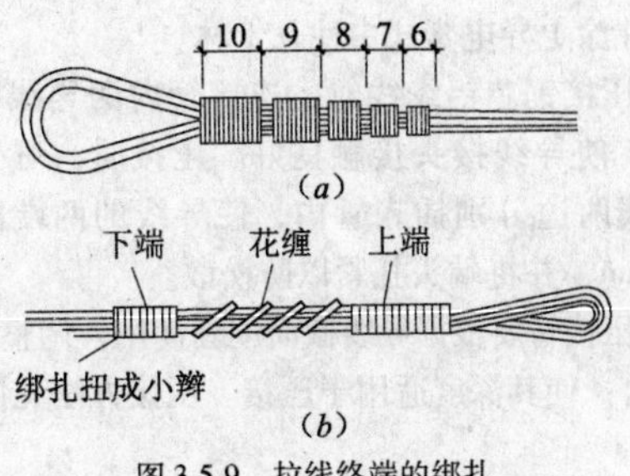

图 3-5-9　拉线终端的绑扎

(a) 自缠法；(b) 另缠法

3.5.4　导线架设

(1) 放线

1) 拖放法是将导线盘架设在放线架上拖放导线。

2) 展放法是将导线盘架设在汽车上，汽车边行进边展放导线。

(2) 架线

架线一般有两种方式：一种是以一个耐张杆为一单元，把线全部放好后，再用绳子吊升至杆上开口放线滑轮内；另一种是一边放线一边用绳子把导线吊入杆上开口放线滑轮内。

导线吊升上杆时，每档电杆上都要有人操作，地面上有人指挥，互相配合并注意安全。

(3) 导线连接

1) 导线的连接方法。导线连接有钳压接法、爆炸压接法及缠绕连接法。

① 钳压接法。将准备连接的两个线头用绑线扎紧后锯齐；导线的连接部分表面和连接管内壁用汽油清洗干净，清洗导线长度等于连线长度的 1.25 倍。

A. 清除连接部分导线表面和连管内壁的氧化膜和

油污，并涂上导电膏式中性凡士林。

B. 压接钢芯铝绞线时，连接管内两导线间要放置铝垫片，使导线接头接触良好。压接时，可采用搭接法。导线两边分别插入管内，使导线的两端露出管外25～30mm，并将端头扎紧以防松散。

C. 压接管要根据导线截面配套使用，调整压接钳上支点螺钉，使其深度适用于压接。压接方法见图3-5-10、表3-5-4。

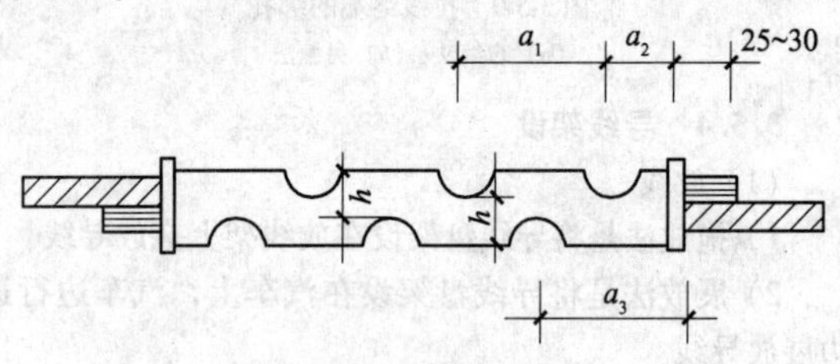

图3-5-10 压接部位尺寸

导线压接规格表　　表3-5-4

导线名称	安装导线型号	钳压部位尺寸（mm）			钳压处高度 h（mm）	钳压口数	钳压管型号	钳压模型号
		a_1	a_2	a_3				
钢芯铝绞线	LGJ-16	28	14	28	12.5	12	QLG-16	
	LGJ-25	32	15	31	14.5	14	QLG-25	
	LGJ-35	34	42.5	93.5	17.5	14	QLG-35	QMLG-35
	LGJ-50	38	48.5	105.5	20.5	16	QLG-50	QMLG-50
	LGJ-70	46	54.5	123.5	25.0	16	QLG-70	QMLG-70
	LGJ-95	54	61.5	142.5	29.0	20	QLG-95	QMLG-95
	LGJ-120	62	67.5	160.5	33.0	24	QLG-120	QMLG-120
	LGJ-150	64	70	166	36.0	24	QLG-150	QMLG-150
	LGJ-185	66	74.5	173.5	39.0	26	QLG-185	QMLG-185
	LGJ-240	62	68.5	161.5	43.0	2×14	QLG-240	QMLG-240

续表

导线名称	安装导线型号	钳压部位尺寸（mm）			钳压处高度 h（mm）	钳压口数	钳压管型号	钳压模型号
		a_1	a_2	a_3				
铝绞线	LJ-16	28	20	34	10.5	6	QL-16	QML-16
	LJ-25	32	20	36	12.5	6	QL-25	QML-25
	LJ-35	36	25	43	14.0	6	QL-35	QML-35
	LJ-50	40	25	45	16.5	8	QL-50	QML-50
	LJ-70	44	28	50	19.5	8	QL-70	QML-70
	LJ-95	48	32	56	23.0	10	QL-95	QML-95
	LJ-120	52	33	59	26.0	10	QL-120	QML-120
	LJ-150	56	34	62	30.0	10	QL-150	QML-150
	LJ-185	60	35	65	33.5	10	QL-185	QML-185

D. 压接钢芯铝绞线时，压接的顺序是从中间开始，分别向两端进行。如图 3-5-11 所示。压接铝绞线时，从接头一端开始，按顺序交错向另一端进行。如图 3-5-12 所示。

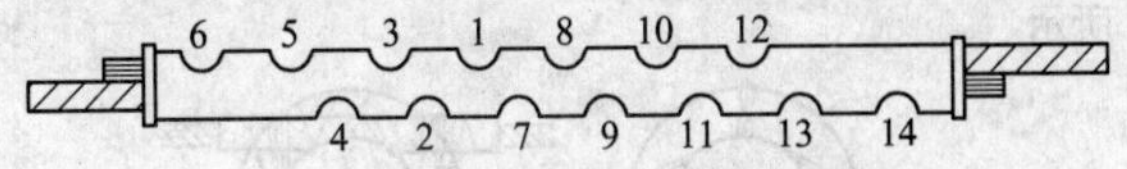

图 3-5-11　钢芯铝绞线压接顺序

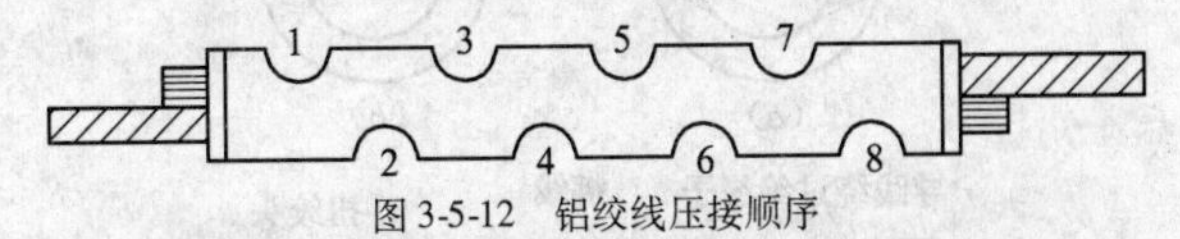

图 3-5-12　铝绞线压接顺序

当压接 240mm² 钢芯铝绞线时，可用两根压接管串联在一起，两压接管之间距离不小于 15mm，压接顺序从内端向外端交错进行。如图 3-5-13 所示。

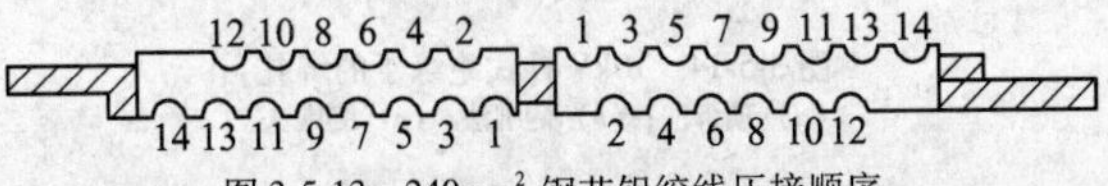

图 3-5-13　240mm² 钢芯铝绞线压接顺序

② 爆炸压接法。一般用于山区丘陵地区、交通不便地区。施工时要注意炸药的配置，不能使导线发生断股、折裂，要认真检查连接质量。

③ 单股缠绕法。单股缠绕适用于单股直径 2.6～5.0mm 的裸铜线。

④ 多股缠绕法。适用于 $35mm^2$ 的裸铝线或铜导线。

2）紧线。当耐张杆和终端杆的拉线做好，经检查符合要求后，即可以紧线。导线组装好后，再检查一下弧垂无变化，紧线工作便结束。

3）弧垂测定。弧垂的大小要符合规范要求，过大或过小都将影响线路的安全运行。弧垂的大小，一般与紧线工作配合进行。

4）架空导线的固定。导线架设在绝缘子上时通常用绑扎法固定。绑扎方法有顶绑法、侧绑法、终端绑扎法、用耐张线夹固定绑扎法。如图 3-5-14 和图 3-5-15 所示。

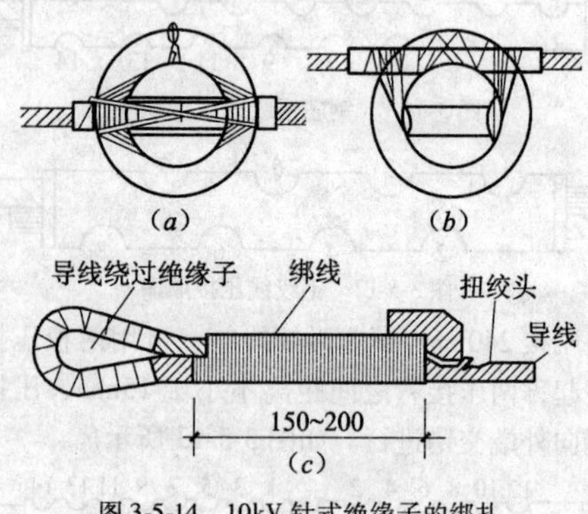

图 3-5-14　10kV 针式绝缘子的绑扎
(a) 顶绑法；(b) 侧绑法；(c) 终端法

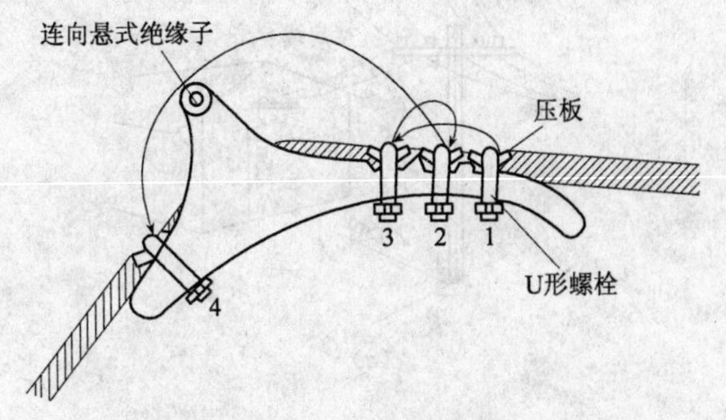

图 3-5-15　耐张线夹的固定
1、2、3、4—螺栓拧紧顺序

3.5.5　杆上设备安装

(1) 设备紧固件等均为热镀锌制品。

(2) 使用的设备应符合国家现行技术标准，另有产品合格证。

(3) 设备的安装排列应整齐，符合设计要求及规范规定。

3.5.6　接户线及进户线安装

1) 接户线与进入建筑物的导线。第一支持物端应采用“倒人字”形接头，连接方法如下：

铝导线间可采用铝钳压管压接；铜导线可采用缠绕法后锡焊或铜连接管压接；铜铝导线间采用铜铝过渡端子连接。

2) 接户线与电杆上的主导线应使用并沟线夹进行连接；铜、铝导线间应使用铜铝过渡接头。一般接户方式如图 3-5-16 所示。

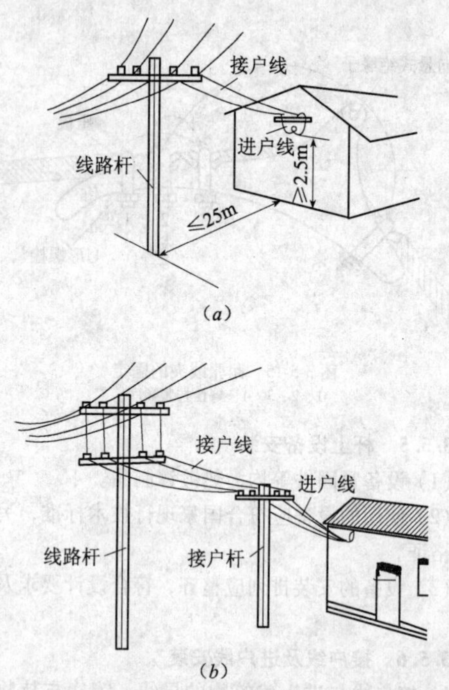

图 3-5-16　低压架空线路电源引入端
(a) 直接接户型；(b) 加杆接户型

3）接户线安装后，与建筑物有关部分的距离应符合下列规定：

① 与上方窗户或阳台的垂直距离不小于 800mm；

② 与下方窗户的垂直距离不小于 300mm；

③ 与下方阳台的距离不小于 2500mm；

④ 与窗户或阳台的水平距离不小于 800mm；

⑤ 与建筑物凸出部分的距离不小于 150mm。

4）接户线与弱电线路交叉距离不小于下列数值：

① 在弱电线路上方时垂直距离不小于600mm；

② 在弱电线路下方时垂直距离不小于300mm。

5）接户线不宜跨越建筑物，如必须跨越时，在最大尺度情况下，对建筑物垂直距离不应小于2.5m。

6）接户线长度不宜超过25m，在偏僻的地方不应超过40m。

7）用橡胶、塑料护套电缆做接户线应符合下列规定：

截面在$10mm^2$及以下时，杆上和第一支持物处，应采用蝶式绝缘子固定，脚线截面不小于$1.5mm^2$绝缘线。

截面在$10mm^2$以上时，应按钢索布线的技术规定安装。

8）楼房的第一支持物应做在首层，应避开楼房的阳台窗户和雨水口下方。

低压四线式接户线安装如图3-5-17、图3-5-18所示。

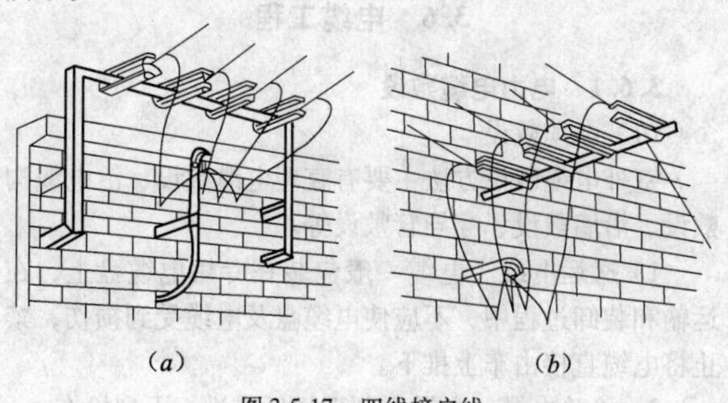

图3-5-17 四线接户线
(a) 垂直墙面；(b) 平行墙面

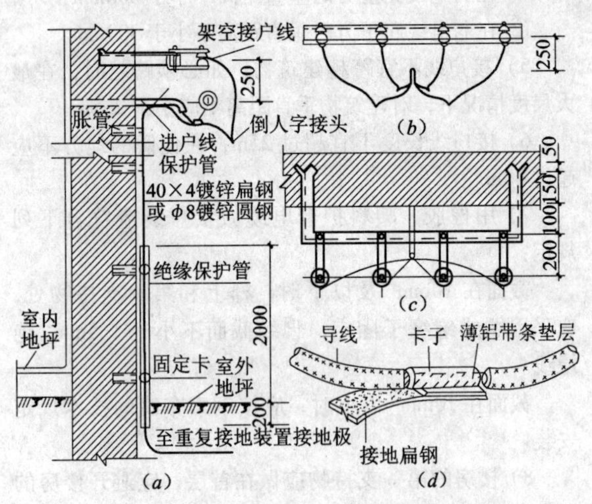

图 3-5-18　架空进户线安装示意图

(*a*) 安装示意图；(*b*) 正视图；(*c*) 顶视图；(*d*) 节点

3.6　电缆工程

3.6.1　电力电缆敷设

(1) 电缆敷设

室外电缆敷设方法主要有直埋电缆敷设、沿电缆沟敷设、沿墙敷设、穿导管敷设等。

1) 搬运电缆。电缆一般包装在专用电缆盘上，在运输和装卸过程中，不应使电缆盘及电缆受到损伤，禁止将电缆直接由车上推下。

2) 检验电缆。电缆运到现场后应进行下列检查：

① 产品的技术文件是否齐全。

② 电缆规格、型号是否符合设计要求，表面有无损伤。

③ 电缆封端是否严密。

④ 充油电缆的压力油箱，其容量及油压应符合电缆油压变化要求。

(2) 直埋电缆的敷设

将电缆直接埋设在地下施工比较简单、经济，而且泥土散热也较好。

直埋电缆敷设时先要选好路线，挖电缆沟，电缆沟的规格以敷设电缆根数确定，如图 3-6-1 及表 3-6-1 所示。

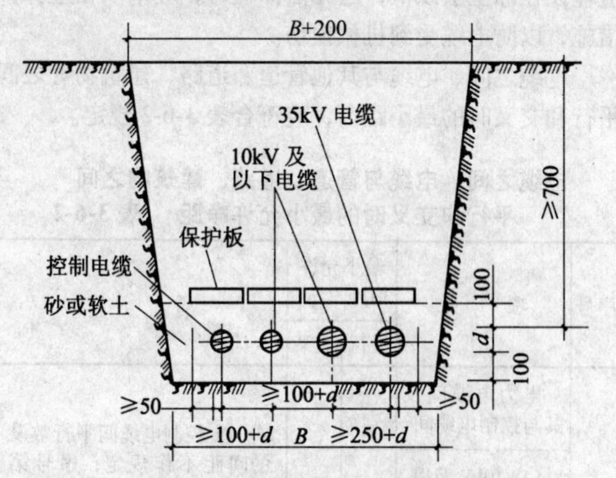

图 3-6-1　直埋电缆壕沟示意图

电缆壕沟宽度表　　　表 3-6-1

电缆壕沟宽度 B (mm)		控制电缆根数						
		0	1	2	3	4	5	6
10kV 及以下电力电缆根数	0		350	380	510	640	770	900
	1	350	450	580	710	840	970	1100
	2	500	600	730	860	990	1120	1250

续表

电缆壕沟宽度 B（mm）		控制电缆根数						
		0	1	2	3	4	5	6
10kV 及以下电力电缆根数	3	650	750	880	1010	1140	1270	1400
	4	800	900	1030	1160	1290	1420	1550
	5	950	1050	1180	1310	1440	1570	1800
	6	1100	1200	1330	1460	1590	1720	1850

直埋电缆的埋设深度有以下规定：电缆表面距地面的距离不应小于0.7m，穿越农田时不应小于1m。电缆应埋设在冻土层以下，当无法深埋时，应采取相应保护措施，以防电缆受到机械损伤。

电缆之间、电缆与其他管道、道路、建筑物等之间平行和交叉时的最小距离，应符合表3-6-2规定。

电缆之间，电缆与管道、道路、建筑物之间平行和交叉时的最小允许净距　表3-6-2

序号	项　目	最小允许净距（m）		备　注
		平行	交叉	
1	电力电缆间及其与控制电缆间			（1）控制电缆间平行敷设的间距不作规定；序号第1、3项，当电缆穿管或用隔板隔开时，平行净距可降低为0.1m； （2）在交叉点前后1m范围内，如电缆穿入管中或用隔板隔开，交叉净距可降低为0.25m
	（1）10kV及以下	0.10	0.50	
	（2）10kV以上	0.25	0.50	
2	控制电缆间	—	0.50	
3	不同使用部门的电缆间	0.50	0.50	

续表

<table>
<tr><th rowspan="2">序号</th><th rowspan="2" colspan="2">项　　目</th><th colspan="2">最小允许净距（m）</th><th rowspan="2">备　　注</th></tr>
<tr><th>平行</th><th>交叉</th></tr>
<tr><td>4</td><td colspan="2">热管道（管沟）及热力设备</td><td>2.00</td><td>0.50</td><td rowspan="4">（1）虽净距能满足要求，但检修管路可能伤及电缆时，在交叉点前后1m范围内，尚应采取保护措施；
（2）当交叉净距不能满足要求时，应将电缆穿入管中，则其净距可减为0.25m；
（3）对序号第4项，应采取隔热措施，使电缆周围土壤的温升不超过10℃</td></tr>
<tr><td>5</td><td colspan="2">油管道（管沟）</td><td>1.00</td><td>0.50</td></tr>
<tr><td>6</td><td colspan="2">可燃气体及易燃液体管道（管沟）</td><td>1.00</td><td>0.50</td></tr>
<tr><td>7</td><td colspan="2">其他管道（管沟）</td><td>0.50</td><td>0.50</td></tr>
<tr><td>8</td><td colspan="2">铁路路轨</td><td>3.00</td><td>1.00</td><td></td></tr>
<tr><td rowspan="2">9</td><td rowspan="2">电气化铁路路轨</td><td>交流</td><td>3.00</td><td>1.00</td><td></td></tr>
<tr><td>直流</td><td>10.00</td><td>1.00</td><td>如不能满足要求，应采取适当防蚀措施</td></tr>
<tr><td>10</td><td colspan="2">公路</td><td>1.50</td><td>1.00</td><td rowspan="3">特殊情况，平行净距可酌减</td></tr>
<tr><td>11</td><td colspan="2">城市街道路面</td><td>1.00</td><td>0.70</td></tr>
<tr><td>12</td><td colspan="2">电杆基础（边线）</td><td>1.00</td><td>—</td></tr>
<tr><td>13</td><td colspan="2">建筑物基础（边线）</td><td>0.60</td><td>—</td><td rowspan="2"></td></tr>
<tr><td>14</td><td colspan="2">排水沟</td><td>1.00</td><td>0.50</td></tr>
</table>

注：当电缆穿管或者其他管道有防护设施（如管道的保温层等）时，表中净距应从管壁或防护设施的外壁算起。

电缆与铁路、公路、城市街道、厂区道路交叉时，应穿保护管敷设或隧道内敷设。

电缆在埋设时，电缆沟底应先填铺不小于100mm厚的细砂或软土，然后敷设电缆，电缆上面再铺填不小于100mm厚的细砂或软土，并在细砂或软土上盖混凝土保护板。如图3-6-2所示

直埋电缆进入建筑物及引至电杆的施工做法如图3-6-2及图3-6-3所示。

(3) 电缆沟内敷设

电缆在专用电缆隧道或电缆沟内敷设如图3-6-4、图3-6-5所示。电缆沟一般由混凝土或砖砌而成，沟顶部用钢筋混凝土盖严密。

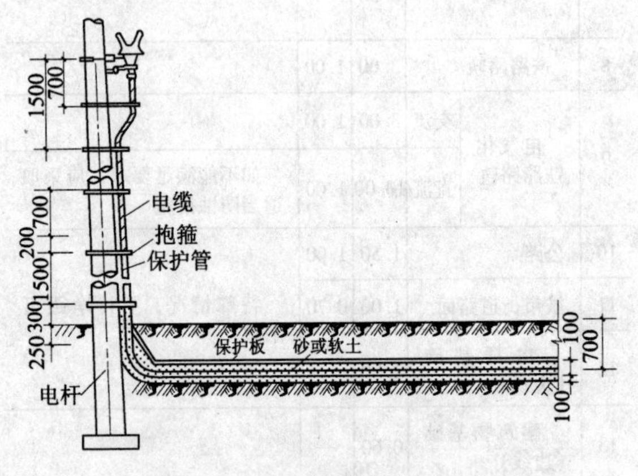

图3-6-2 直埋电缆引至电杆的做法

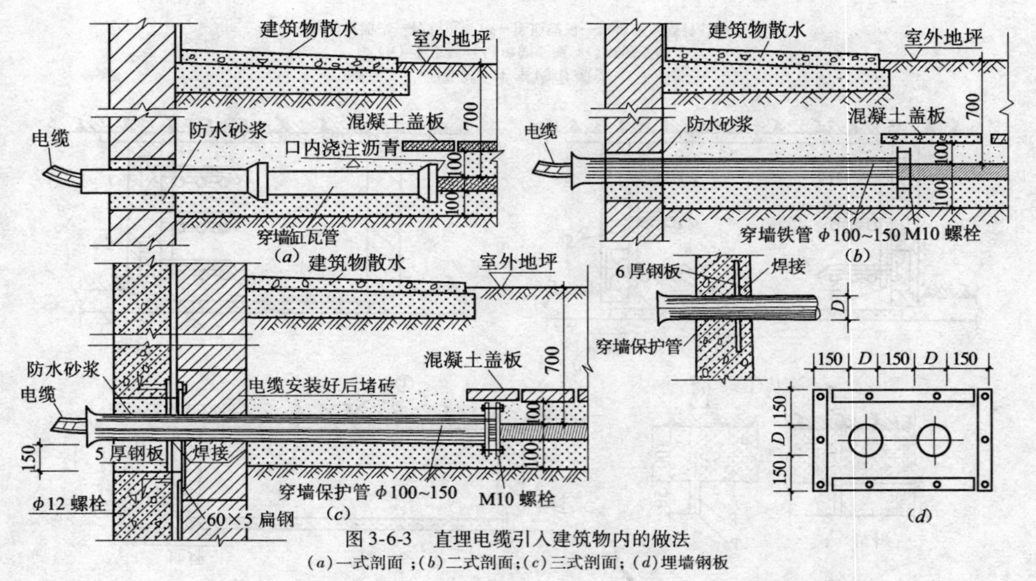

图 3-6-3　直埋电缆引入建筑物内的做法

(a)一式剖面；(b)二式剖面；(c)三式剖面；(d)埋墙钢板

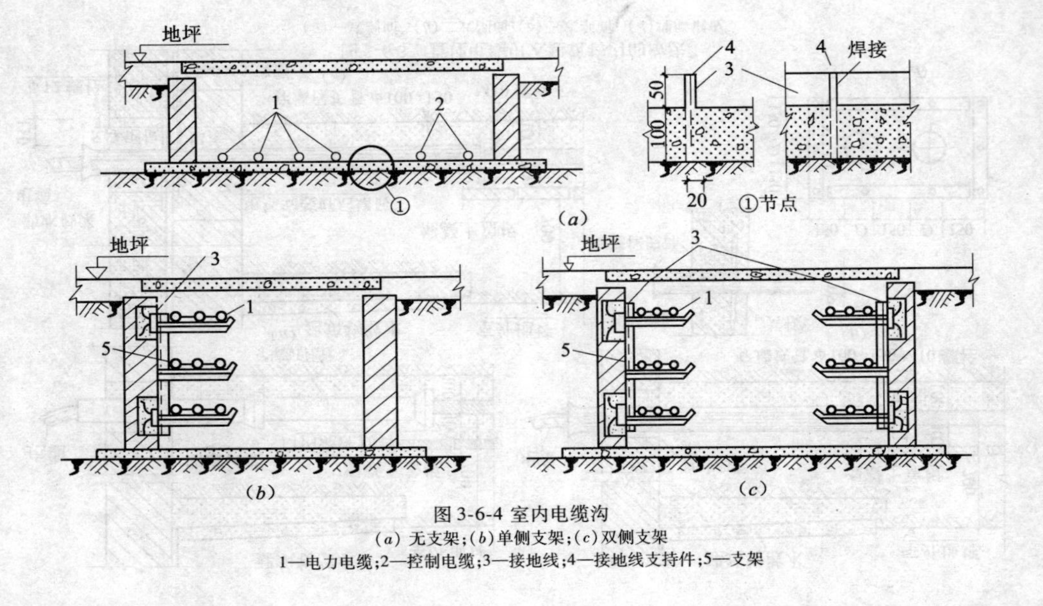

图 3-6-4 室内电缆沟

(a) 无支架；(b)单侧支架；(c)双侧支架

1—电力电缆；2—控制电缆；3—接地线；4—接地线支持件；5—支架

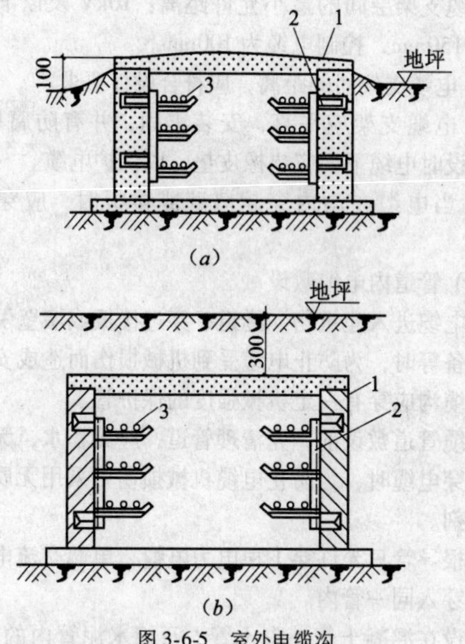

图 3-6-5　室外电缆沟

（a）无覆盖层；（b）有覆盖层

1—接地线；2—支架；3—电缆

电缆沟内电缆敷设要求如下：

1）电缆沟底应平整，并应有1‰的坡度。沟内要保持干燥，并能防止地下水渗入。沟内每隔50m应设集水坑，尺寸以400mm×400mm×400mm为宜。

2）支架上电缆排列，当设计无要求时，应符合以下要求：电力电缆和控制电缆分开排列，当电力电缆和控制电缆敷设在同一侧时，电力电缆在上面，控制电缆敷设在电力电缆下面，1kV及以下电缆敷设在1kV及以上电缆下面。

电缆支架层间的最小允许距离：10kV 及以下电力电缆为 150mm，控制电缆为 100mm。

3）电缆支架间的距离，应符合设计要求。

4）电缆支架应平直，安装牢固，并有防腐措施，电缆敷设时电缆下面应垫橡皮垫，以保护电缆。

5）当电缆在沟内穿越墙壁或楼板时，应穿钢管保护。

(4) 管道内电缆敷设

当电缆进入建筑物、隧道、穿过楼板或墙壁引至电杆、设备等时，为防止电缆受到机械损伤而造成安全隐患，电缆沟应穿有一定机械强度的保护管。

电缆管道敷设前，先清理管道，应无积水，无杂物堵塞。穿电缆时，为防止电缆机械损伤可采用无腐蚀性的乳化剂。

每根导管只允许穿 1 根电力电缆，单芯交流电缆不得单独穿入同一管内。

敷设在混凝土管、陶土管、石棉水泥管内的电缆，宜用塑料护套电缆。

(5) 水底电缆敷设

水底电缆一般采用适宜水中敷设的电缆，要求电缆有足够的机械强度，电缆应是整根，不能有硬接头。水底电缆应沿河床及河岸很少受冲击的地方敷设，引到河岸的部分应加以保护。

敷设在水中的电缆应贴于水底，有条件时宜埋入河床 0.5m 以下。水底平行敷设时，其电缆间距不宜小于最高水位时水深的 2 倍。

(6) 桥梁上电缆敷设

敷设在木桥上的电缆应穿钢管敷设，敷设在其他结构桥上的电缆，应敷设在人行道下的电缆沟中或用耐火材料制成的管道中，如无人接触的地方，电缆可裸露敷设在桥上，但应避免太阳直接照射。

悬吊架设的电缆与桥梁构架间应有不小于0.5m的净距，以免妨碍桥梁维修作业。

敷设在经常受到振动的桥梁上的电缆，应有防振措施。桥墩两端和伸缩缝处的电缆，应留有一定的余地，以防由于结构胀缩造成的机械损伤。

交流电缆的裸金属护套应与桥梁的钢架、桁架做金属连接。

3.6.2　电力电缆连接

(1) 电缆头的要求

电缆头必须密封，特别是油浸电缆，若电缆头密封不严，会使油浸纸干枯，电缆受潮造成绝缘性能下降。

电缆头的绝缘强度应不低于电缆本身的绝缘强度，并应有足够的机械强度。电缆的线芯接头必须接触良好，抗拉强度不低于电缆线芯强度的70%。

(2) 电缆头制作

1) 电缆头的制作规定

电缆终端头、中间头的制作，应由有经验的技术工人严格按技术操作规程施工，或在有经验技术人员指导下进行工作。室外制作电缆头时，应在天气良好的条件下进行，并应有防尘措施。制作充油电缆头时，对周围空气的温度、相对湿度应有严格控制。

电缆头在制作前要进行下列检查：

① 相位正确。

② 绝缘应无损坏，绝缘纸应无受潮，充油电缆的

油样应合格。

③ 所用绝缘材料必须是合格产品，并符合要求。

④ 制作电缆头的配件应齐全，并符合要求。

⑤ 不同牌号的高压胶或电缆油不能混合使用。如需混合使用，需经理化及电气性能试验，符合要求后方能使用。

⑥ 电缆头外壳与电缆金属护套及铠装层均应良好接地，接地线截面不宜小于 $10mm^2$。

电缆终端头与电气装置连接，应符合有关规定。

2）制作要求

① 电缆终端头与中间头从开始剥切到制作完毕必须连续进行，一次完成，以防受潮。

② 剥切电缆时，应注意不能损伤线芯绝缘。

③ 高压电缆在绕包绝缘时，与电缆屏蔽应有不小于 5mm 的间隙，不少于 5mm 的重叠。

④ 电缆头的铅封应符合下列要求：搪铅时间不宜过长，在铅封未冷却前不得撬动电缆；充油电缆的铅封应分二次进行，以增加铅封的严密性。

⑤ 灌胶前应将电缆头金属（瓷）外壳预热去潮，避免灌铅后有空隙。

⑥ 直埋电缆接头盒的金属外壳及电缆的金属护套应做防腐处理。

⑦ 电缆芯连接时，其连接管与线鼻与导线芯的规格应相符。采用焊锡焊接时，不应使用酸性焊膏。

（3）电缆线路工程交接验收

1）电缆线路施工完毕，必须经验收合格后方可办理交接手续，然后投入运行。

根据《电气装置安装工程电缆线路施工及验收规

范》GB 50168—1992 规定，电力电缆需做如下试验：

① 测量绝缘电阻；

② 进行直流耐压试验并测量泄漏电流；

③ 检查电缆线路相位，要求电缆两端相位一致，并与电网相位相符合。

直流耐压试验标准见表3-6-3。

电力电缆直流耐压试验标准 表3-6-3

电缆类型及额定电压（kV） 标准	油浸纸绝缘		不滴流油浸纸绝缘		
	3~10	15~35	6	10	35
试验电压 试验时间（min）	$6U$ 10	$5U$ 10	$5U$ 5	$3.5U$ 5	$2.5U$ 5

电缆类型及额定电压（kV） 标准	橡胶、塑料绝缘			充油绝缘			
	6	10	35	66	110	220	330
试验电压 试验时间（min）	$4U$ 15	$3.5U$ 15	$2.5U$ 15	$2.6U$ 15	$2.6U$ 15	$2.3U$ 15	$2U$ 15

注：U为标准电压等级的电压。

电缆线路工程经检查试验合格后，即可办理交接验收手续。并提交技术资料和文件。

2）在验收时，应检查以下内容：

① 电缆规格应符合规定；排列整齐，无机械损伤；所有标志应正确、清晰、装设安全。

② 电缆的固定、间距、弯曲半径及金属保护层的接地应符合要求。

③ 电缆终端头、中间头及充油电力电缆的供油系

统应安装牢固，不应有漏油现象；充油电力电缆的油压及表针整定值应符合要求。

④ 接地应可靠、良好。

⑤ 电缆接头、电缆支架等金属部件，油漆完好，相色正确。

⑥ 电缆沟、隧道内应无杂物；盖板齐全。

3）技术资料准备应包括以下内容：

① 电缆线路路径的协议文件。

② 变更设计的竣工图纸。

③ 直埋电缆线路的敷设位置图，图上应表明各线路相应位置，并应表明地下管线的剖面图。

④ 制造厂提供的产品说明书、试验记录、合格证、安装图纸等技术文件。

⑤ 隐蔽工程检查记录。

⑥ 电缆线路原始装置记录。

3.7 电梯工程

3.7.1 电梯及其控制方式

(1) 电梯的分类

电梯按用途分有室内电梯、矿井电梯、船用电梯、建筑工程施工用电梯等；室内电梯又分载客电梯、载货电梯、医用电梯、消防电梯、观光电梯、车库电梯等。

(2) 电梯的型号

电梯的型号是通过文字标注的方式，将电梯的基本规格及机械性能等主要内容表示出来。《电梯、液压梯产品型号编制方法》JJ 45—86 中，对电梯型号编制作了如下规定。

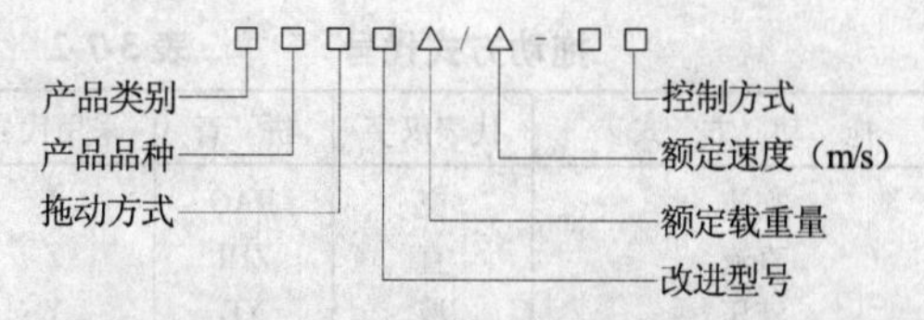

采用汉语拼音字头表示，例如 TKJ1000/1.6-JX 表示交流调速乘客电梯，额定载重量 1000kg，额定速度 1.6m/s，集选控制。

THY1000/0.63-AZ 表示液压货梯，额定载重量 1000kg，额定速度 0.63m/s，按钮控制，自动门。

TKZ1000/1.6-JX 表示直流乘客电梯，额定载重量 1000kg，额定速度 1.6m/s，集选控制。

电梯的自动化程度是由控制系统的性能决定的。现代电梯由原来的电磁继电控制发展到无触点的集成电子控制系统，利用 PLC 控制交流双速电梯，通过可编制软件程序来控制电梯，使其达到最佳工作效果。

电梯品种代号见表 3-7-1。拖动方式代号见表 3-7-2。控制方式代号见表 3-7-3。

电梯品种代号表　　表 3-7-1

产品品种	代表汉字	拼音	代号
乘客电梯	客	KE	K
载货电梯	货	HUO	H
客货两用电梯	两	LIANG	L
病床电梯	病	BING	B
住宅电梯	住	ZHU	Z
杂物电梯	物	WU	W
船用电梯	船	CHUAN	C
观光电梯	观	GUAN	G
汽车用电梯	汽	QI	Q

拖动方式代号　　表 3-7-2

拖动方式	代表汉字	拼音	采用代号
交流	交	JIAO	J
直流	直	ZHI	Z
液压	液	YE	Y

控制方式代号表　　表 3-7-3

控制方式	代表汉字	采用代号
手柄开关控制、自动门	手、自	SZ
手柄开关控制、手动门	手、手	SS
按钮控制、自动门	按、自	AZ
按钮控制、手动门	按、手	AS
信号控制	信号	XH
集选控制	集选	JX
并联控制	并联	BL
梯群控制	群控	QK

3.7.2 电梯安装与调试

(1) 设备进场验收。

1) 检查随机文件。包括土建布置图、产品出厂合格证、门锁装置、限速器、安全钳及缓冲器的形式试验证书复印件。检查现场实物与装箱清单是否相符，如有破损件应填写在开箱记录清单上。电梯设备开箱清点要由建设单位、施工单位等有关人员参加，核对电梯型号规格及配件是否与设计相符，对缺损件要落实解决办法，清点完成后签字确认。

2) 安装准备：安装准备主要有人员准备、材料、设备准备、熟悉图纸及有关安装规范。认真阅读电梯随机文件，熟悉所装电梯的技术要求、平面图、电路等。

3) 对机房、井道的各种尺寸进行核对。检查轿厢规格尺寸、开门方式与土建配合是否正确无误，核对机房电源线用量和位置是否合适。

4）对建设单位提供的资料要进行复核，重点检查电梯层门口、牛腿、井道底坑的深度、井道顶高、机房的高度及面积、搁机大梁或工字钢的尺寸与要求是否符合设计要求。对所发现的问题及时与有关单位协调解决，要把处理的结果写入合同中，作为日后施工和竣工结算的依据。

（2）初步确定照明电源，限位开关位置、控制柜位置、机房井道和机房井道内电线管或线槽敷设方法。核定限速器装置、平层转速传感器、限位开关、减速开关、井道总线箱、电缆架等在井道和机房的位置。

3.7.3 土建交接检验及应具备的条件

（1）机房、井道的建筑施工基本结束，包括完成粉刷工作。要求与设计图相符。

（2）电梯机房的门窗应装配齐全。

（3）预埋件及预留孔洞符合设计要求。

（4）电梯专用电气设备和继电器、选层器、随行电缆等附件更换时，必须符合原设计参数和技术性能的要求。

（5）电气装置的附属构架、电线管电线槽等非带电金属部分，均应涂防锈漆或镀锌。

（6）井道必须符合下列要求：

1）当底坑能进入，且对重（或平衡重）上未设安全钳装置时，对重缓冲器必须安装在坑底面上的实心桩墩上。

2）电梯安装之前，所有层门预留孔必须设有高度不小于1.2m的安全防护栏，并保证有足够的机械强度。

3）当相邻两层门地坎间的距离大于11m时，其间必须设置井道安全门，井道安全门禁止向井道内开启，且必须装有安全门处于关闭时电梯才能运行的电气装置。当相邻轿厢间有相互救援用轿厢间安全门时，可不执行本款。

3.7.4 施工工艺

（1）样板架安装、挂基准线

1）脚手架搭设。脚手架搭设符合安全操作规程及安装部门提供的图样要求。

2）搭样板架。样板支架方木端部应垫实找平，水平误差不得大于3/1000。

3）测量井道，确定标准线。确定基准线时要复核机房的平面布置。曳引机、限速器、极限开关、工字钢等电气设备的位置有无问题，维修是否方便，并进行进一步调整。

4）样板就位，挂基准线。

5）机房放线。井道样板完成后，机房进行放线，校对机房各预留洞的准确位置，为曳引机、限速器和钢带轮等设备定位安装做好准备。

（2）导轨架及导轨安装

1）安装导轨架。

2）安装导轨。

（3）机房机械设备安装

1）曳引机承重梁安装。

2）安装曳引机减振胶垫。

3）安装曳引机。

4）安装限速器。

（4）对重安装

对重装置用以平衡轿厢自重及部分起重量。

1）在安装时，先拆下对重架上边的上下各只导靴，然后将对重架放进对重导轨中再将导靴装上。

2）在对重导轨中心处由地坑起约5～6m高处，牢固地安装一个用以起重对重的环链捯链或双轮吊环型滑车，作为起吊对重装置用。

3）对重底碰板或轿厢下梁碰板的装配。

4）安装上下导靴。

5）安装安全护栏。

6）将对重块逐一加入架内。

（5）曳引钢丝绳的安装

1）根据电梯安装的实际长度确定，截取钢丝绳。

2）截绳时，先用汽油将绳洗干净，并检查有无打结、扭曲、松股现象。

3）将做好的绳端拉入锥套内，加热浇灌。

4）挂曳引绳。将绳从轿厢顶起通过机房楼板绕过曳引轮，导向轮至对重上端，两端连接牢靠。

5）调整曳引绳。

（6）轿厢安装

1）将轿厢底盘放在轿厢架固定底盘上，使轿厢底盘上平面的不水平度不超过2/1000。

2）将组装好的轿顶，用捯链悬挂在上梁下面。

3）校正固定轿顶与轿壁连接。

4）安装扶手、整容镜、照明灯、操纵盘。

5）安装轿厢门。

6）全部安装完毕后，用捯链将轿厢提起，在轿底下面用平衡铁块调整平衡。

7）在直梁上装有限位开关碰铁的，在装轿壁前先将碰铁安装好。

(7) 厅门、地槛的安装

1) 首先检查土建本身的牛腿情况，将厅门踏板用M7.5水泥砂浆浇筑在各层牛腿上，地槛上平面应比抹灰之后楼板地平面高出5~10mm。

2) 待水泥砂浆阴干2~3天后，再装上门框。

3) 如有厅门门套时，应先将门套立框与地槛连接牢固，并将门套同时安装在地槛上。

4) 门套的校正和挂上厅门后的重复校正。

5) 当厅门装上后检查门滑轮及有无噪声和冲击跳动现象。

6) 安装厅门门锁。

3.7.5 电气部分安装

电气系统的安装方式、方法、因电梯类型、井道、机房土建规格不同，其配线方式也不同，但其配电装配原理没有太大差异。

低压输电线路常采用线槽板、塑料管、金属管等方式进行安装，以保护导线并有防火、防水、接地等功能。

(1) 线槽配线

一般敷设于井道内侧墙上，并根据每层召唤按钮箱、楼层指示灯的相应位置开孔，连接金属软管与电线管。

(2) 楼层指示灯、召唤箱、消防按钮的安装

先将盒内电器零件取出，妥善保管，按布置图要求将盒平正地埋筑在墙上，做线槽与线盒连接，穿导线，再将电器零件装好，接线并安装面板。

(3) 电缆的安装

1) 随行电缆安装前，必须预先自由悬挂，消除

扭曲。

2）井道内的随行电缆安装要特别注意紧凑而安全，随行电缆两端以及不运动部分应可靠固定，如图 3-7-1 所示。

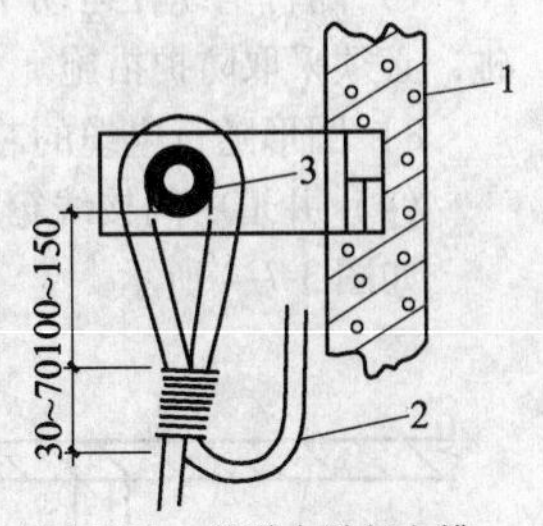

图 3-7-1　井道内随行电缆
1—井道壁；2—随行电缆；
3—电缆架钢管

3）随行电缆的敷设长度应使轿厢缓冲器完全压缩后略有余量，但不得拖地。多根并列时，长度应一致。

4）当设中间线箱时，随行电缆应安装在电梯正常提升高度的 1/2 加 1. 5m 处的井道壁上。

5）圆形随行电缆应绑扎牢固在轿底和井道电缆架上，绑扎长度应为 30 ~ 70mm。绑扎处应离开电缆架钢管 100 ~ 150mm。轿厢底部随行电缆绑扎方法如图 3-7-2 所示。

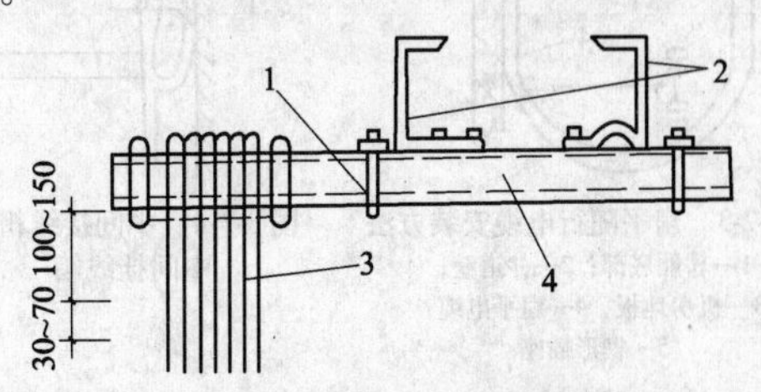

图 3-7-2　轿厢底部随行电缆绑扎方法
1—轿厢底部电缆架；2—电梯底梁；
3—随行电缆；4—电缆架钢管

6）扁平随行电缆可重叠安装，重叠根数不宜超过 3 根，每 2 根间应保持 30 ~ 50mm 的活动间距，扁平电缆的固定应使用楔形插座或卡子。如图 3-7-3 所示。

7）随行电缆在运动中可能与井道内的其他部件挂碰，必须采取防护措施。

8）圆形随行电缆的芯数不宜超过40芯。

（4）井道中间接线箱的安装

如图3-7-4所示。

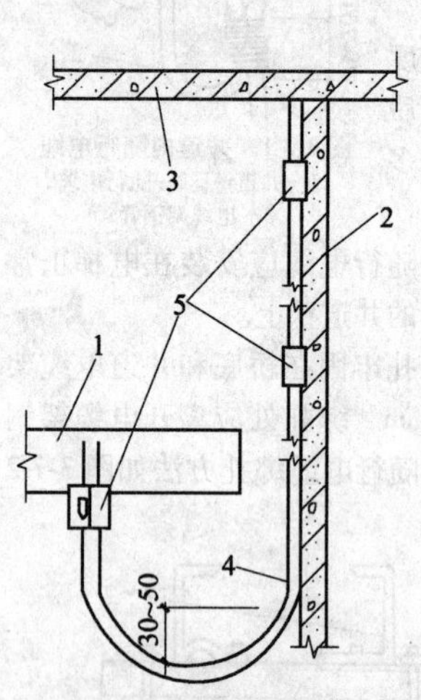

图3-7-3　扁平随行电缆安装方法
1—轿厢底部；2—井道壁；
3—机房地板；4—扁平电缆；
5—楔形插座

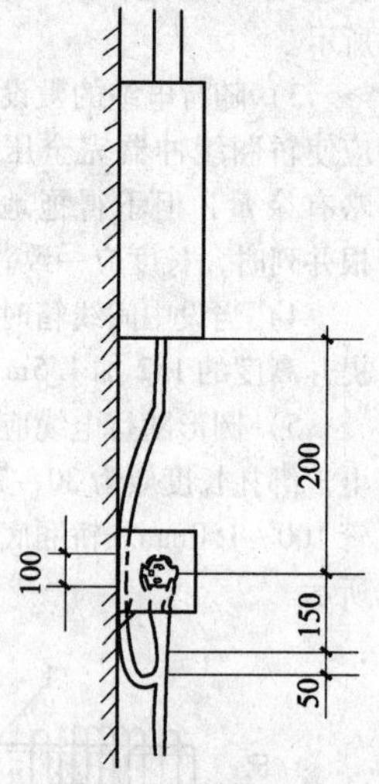

图3-7-4　中间接线箱与中间挂线箱

当井道电缆架设于井道中间时，在井道电缆架的上方200mm处，装设井道中间接线箱，用地脚螺栓固定于井道墙上。

（5）总接线盒的安装

总接线盒位于机房楼板下的井道墙上或者在隔声层墙上，用地脚螺栓固定，井道内导线均汇于总接线盒。

(6) 电梯安装保护设备与接地安装

1) 接地接零保护。

① 电梯机房、轿厢井道的接地、机房和轿厢的电气设备井道内的金属件与建筑物的用电设备采用同一接地体。轿厢和金属部件采用等电位联结。轿厢接地线如利用电缆线芯时，其线芯不应少于2根。

② 所用设备的不带电的金属部位均应可靠接地或接零。电机、控制柜、选层器和其他电气的绝缘电阻对地不得小于0.5MΩ，接地电阻在任意点处不应大于4Ω。

2) 安全保护开关的安装。

① 与机械相配合的各安全保护开关，在下列情况时应可靠断开，使电梯不能启动或立即运行。

任一曳引绳断裂时；电梯载重量超过额定载重量10%时；任一厅、轿门未关闭或锁紧时；安全窗开启时；选层器钢带（钢绳、链条）张紧轮下落大于50mm时；限速器配重轮下落大于50mm时；限速器配重轮接近其动作速度的95%时，对额定速度1m/s及以下的电梯最迟可在限速器达到其动作速度时；安全钳拉杆动作时；液压缓冲器被压缩时。

② 电梯的各种安全保护开关必须可靠固定，不得采用焊接固定。安装后不得因电梯正常运行时的碰撞和钢绳、钢带、皮带的正常摆动使开关产生位移、损坏和误动作。

3) 采用计算机控制的电梯，其逻辑性应严格按产品要求处理。当产品无要求时，可按下列方式之一进行处理：

① 接PE线。

② 悬空“逻辑地”。

③ 与单独的接地体连接，该接地体的对地电阻不大于4Ω。

4）电气系统中的安全保护装置应进行下列检查：

① 急停、检修、程序转换等按钮和开关，动作应灵活可靠。

② 开关门和运行方向接触器的机械或电气连锁应动作灵活可靠。

③ 错相、断相、欠电压、过电流、弱磁、超速、分速度等保护装置应按照产品要求检验调整。

5）极限、限位、缓速开关碰轮和碰铁的安装要点：

① 轿厢自动门的安全触板应灵活可靠，其动作碰撞力不大于5N。光电及其他形式的防护装置功能必须可靠。

② 开关、碰铁应安装牢固。在开关动作区间，碰轮与碰铁应可靠接触，碰轮边距碰铁边应小于5mm。

③ 碰铁应垂直安装，其偏差为0.1%，全长不大于3mm。

④ 交流电梯极限开关的安装钢绳应横平竖直，导向轮应不超过2个。轮槽应对成一条直线，且转动灵活。上下极限碰轮应与牵动钢绳可靠固定。牵动钢绳应沿开关断开方向在闸轮上复绕不少于2圈。安装后连续试验5次，应动作灵活可靠。

⑤ 极限和限位开关的安装应按设计要求。如设计无要求，碰铁应在轿厢超越上下端站地槛50～200mm范围内，接触碰轮，使开关迅速断开，且在缓冲器压缩期间开关始终保持在断开位置。

6）疏散功能及安装。电梯的疏散功能，在停电时自动平层开门放人，以避免关人。

7）视频及音频电缆监视系统。在设置有保安监控系统的大厦内，往往需要在电梯轿厢内设置摄像机。

8）楼层显示、对讲系统。电梯除了设备本身的各种信号与监控装置以外，一般还应该在电梯的轿厢内设置与机房或值班室对讲的专用电话和应急的通信设备。

(7) 试运行

1）运行前的准备工作。准备工作包括清扫机房、层站和杂物，对机电零部件进行清洁检查。对电动机滑动轴承、减速器按规定的要求换油加油，对导线、缓冲器、限速器等部件上润滑油。清理曳引轮和曳引钢丝上的油污，检查导向轮、反绳轮、限速器张紧轮等转动摩擦部位，使之处于良好润滑状态。

2）进行静态通电试车。试车工作要两名以上的技术工人共同进行，两名技工在机房。轿厢内人员按机房技工指令模拟司机或乘客的操作程序，逐项进行操作。机房内技工检查控制柜中各电气元件动作程序是否正常。上提限速器的钢丝绳，检查安全钳开关的联动性能是否可靠，曳引机能否制动停车。试验安全钳的杠杆系统动作是否灵敏可靠，能否使安全钳楔块正常上升。

上述工作完成后，可将曳引绳挂上曳引轮，放下轿厢撤去倒链，使各曳引绳均匀受力。然后用手轮通过松闸将轿厢下移一定距离，拆去对重的垫木，并将井道清理干净后，才能进行通电试运行。

3）动态试运行及调整。

① 调整电梯的运动速度，调整电梯的额定运行速度和平层速度。

② 调整电梯的平衡系数。在轿厢中装50%额定载重量，此时曳引轮两侧拉力基本平衡，将轿厢上升到一半行程与对重底相平。在机房内用手动松闸，手盘手轮测定曳引轮左转、右转时手感是否相同。然后在对重架上调整对重块数量，直到两侧手感相同，即为符合平衡要求。

③ 调整电梯的平层。可以1名技工到轿厢顶负责运行指挥。通过轿内所发指令控制电梯上下往复运行，并逐层调整。

④ 调整电梯的加减速度。在轿厢内，人感无明显失重或振动。

⑤ 调整检查各厅门。任何一层厅门开着或未关严，电梯不得开动，要检查门锁是否可靠，检查开门和安全触板工作是否正常。

⑥ 调整各电气开关的可靠性。

⑦ 最后进行生产前的试验和测试。根据《电梯安装验收规范》GB 10060—93的规定，做好测试工作，写出具体报告，交付用户单位使用。

(8) 电梯的调试、使用和维护

1) 调整试车和工程交接验收。

① 试运转前的检查。

A. 电气设备导体间及导体与地间的绝缘电阻值：动力设备和安全装置电路不小于0.5MΩ；低压控制回路不小于0.25MΩ。

B. 机房温度应保持在5~40℃之间，在25℃时的环境湿度不应大于85%。

C. 继电器、接触器动作应正确可靠，接触良好。

② 速度调试。

A. 全程点动运行应无卡阻，各安全间隙符合要求。检修速度不应大于0.63m/s。平衡系数应调整为40%~50%。

B. 制动器力矩和动作行程应按设备要求调整，制动器闸瓦在控制时应与制动轮接触严密。松闸时与制动轮应无摩擦，且间隙的平均值应不大于0.7mm。

③ 额定速度调整。

A. 轿厢内置入平衡负载，单层、多层上下运行，反复调整，启动、运行、减速应舒适可靠，平层准确。

B. 在工频下，曳引机接入额定电压时，轿厢半载向下运行至行程中部时的速度应接近额定速度，且不应超过额定速度的5%。加速段和减速段除外。

④ 运转试验应符合下列条件。

A. 空载、半载和满载试验要求在通电持续率为40%情况下，往返升降各2h。电梯运行应无故障，启动应无明显的冲击，停层应准确平稳。

B. 调整上下端站的换速、限位和极限开关，使其位置正确，功能可靠。

C. 运转功能应符合设计要求，指令、召唤、选层定向、程序转换、启动运行、截车、减速、平层等装置功能正确可靠，声光信号显示清晰正确。

⑤ 超载试验。在轿厢内置入110%的额定负载，在持续通电率为40%的情况下，往返运行各0.5h。电梯应可靠地启动、运行。减速机、曳引机应工作正常，制动器动作应可靠。

⑥ 交接验收应提交下列资料和文件。

A. 电梯类别、型号、驱动控制方式、技术参数和安装地点。

B. 制造厂提供的随机文件和图样。

C. 设计变更记录文件和图纸。

D. 安全保护装置的检查记录。

E. 电梯检查及电梯运行参数记录。

2）电梯安全使用基本知识。

① 要求配置专门的管理人员。对有司机的电梯，应对专职司机进行培训，具备必要的电梯知识，能够正确操纵电梯和处理运行中出现的紧急情况，并能够排除常见故障。应配备专职的维修保养人员，建立值班制度。维护人员应经过技术培训，掌握电梯工作原理及各部分的主要构造和功能，能够及时排除各种故障，对电梯进行日常保养和维护。

② 建立严格的检查保养制度，定期进行日检、月检、季检和年检等各种临时检查。每天要求对机房进行清扫和巡视检查，发现故障及时排除。保持厅门清洁，保证厅门开关正常。每日司机应先试运行电梯并写好交接班记录。

③ 制定维护保养的工作规程。进行季度检查和年度检查应由2人以上进行，以确保工作的安全可靠。电梯在检修和加油时，应在基站悬挂停运指示牌。在做检修运行时，不允许载客、载货。进入底坑检查时，应将底坑检修箱的急停开关断开，进行轿顶检查则需将安全钳或轿顶检修箱的急停开关断开。

检修的工作照明灯应使用安全电压。严禁维修人员在井道外探身到轿顶或处于厅门与轿门之间进行工作。在开启厅门的情况下，若轿厢以检修速度运行时，其上离厅门踏板的距离不应超过0.4m。

3）使用注意事项。

① 平时使用。对有司机操纵的电梯必须由专职司机操纵，司机离开时应关闭轿厢门。客梯不能作货梯使用，司机在每日工作完毕后应将电梯返回基站，断开轿厢电源开关，关好厅门。

② 故障状态。电梯出现不正常情况时，应通知维修人员进行处理。如果不能打开电梯门，则应按急停按钮，断开电梯控制电路，用人力打开轿厢门，电梯停运并请维修人员进行检查维修。

③ 危险时刻，当电梯失去控制，按下急停按钮也无济于事时，梯内人员应保持冷静，不要打开轿门，盲目跳出轿厢。如果电梯在运行中突然停止时，轿厢内人员应用警铃、电话等联系设备通知维修人员。由维修人员先将轿厢移动到近厅门位置，然后按下紧急按钮，用人力打开厢门，使人安全撤离。当电梯安全钳动作停车时，应用电话通知维修人员并按下急停按钮。在机房中用人力驱动曳引机使轿厢移动，移动时注意要先断开电动机电源。

3.8 智能建筑

智能建筑由土建、机电、装饰、弱电智能化四大部分组成。智能建筑习惯上称为IB（Intelligent Building），目前，其重点已转向建筑物本身的自动化、网络化发展及与公网连接。智能建筑是以建筑为平台，使用先进的技术对楼宇进行控制、通信和管理。向人们提供一个安全、高效、舒适、便利的居住和工作环境。

3.8.1 智能建筑的系统组成与结构

（1）提到智能建筑系统，人们自然想起“3A”功能，也就是说作为智能建筑必须要具备的三大系统。即 BA（Building Automation）——建筑自动化、OA（Office Automation）——办公自动化及 CA（Communication Automation）——通信自动化。

（2）根据我国《智能建筑设计标准》GB/T 50314—2000 的规定，智能建筑的系统组成可综合归纳为五大系统：

1）建筑设备自动化系统。

2）通信网络系统。

3）办公自动化系统。

4）综合布线系统。

5）系统集成。

（3）智能建筑系统组成，如图 3-8-1 所示。

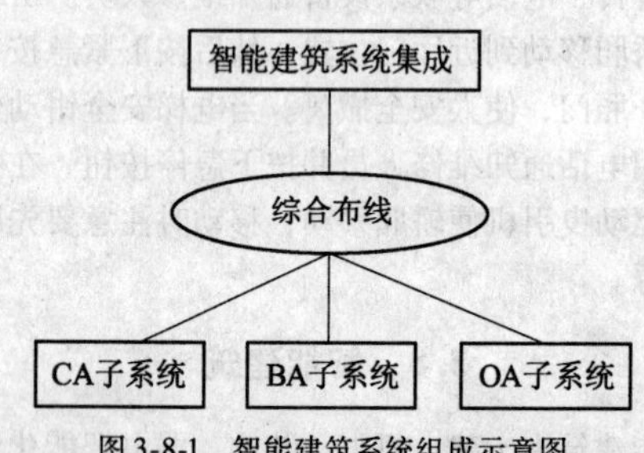

图 3-8-1 智能建筑系统组成示意图

1）建筑设备自动化系统（BAS，Building Automation System）：将建筑物或建筑群的电力照明、给水排水、防火、保安、车库管理等设备或系统，以集中监视、控制和管理为目的，构成综合系统。如图 3-8-2 所示。

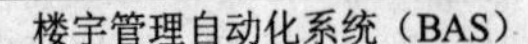

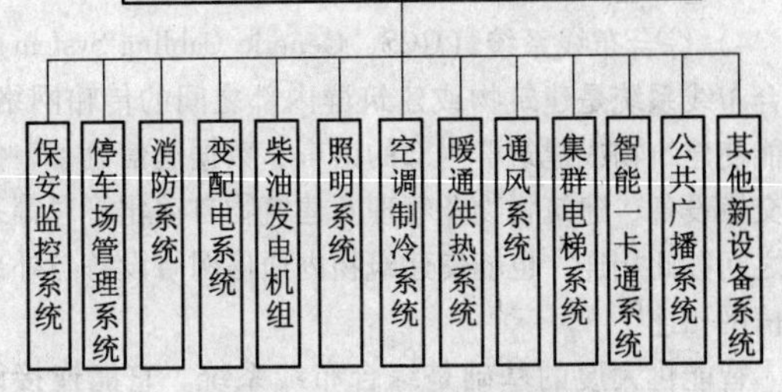

图 3-8-2　楼宇自动化系统的组成

2）通信网络系统（CNS，Communication Network System）：它是楼内的语音、数据、图像传输的基础，同时与外部通信网络（如公用电话网、综合业务数据网、计算机互联网、数据通信网和卫星网等）相连，确保信息通畅。

3）办公自动化系统（OAS，Office Automation System）：办公自动化系统是应用计算机技术、通信技术、多媒体技术和行为科学等先进技术，使人们的部分办公业务借助于各种办公设备，并由这些设备与办公人员构成服务于某种办公目标的人机信息系统。

办公自动化系统由硬件系统与软件系统两部分组成。硬件系统包括客户计算机，以客户机服务器方式运行的分布计算机网络系统，以及打印机、复印机、绘图仪、显示屏、音响设备、数字化仪表、多媒体输入与输出设备等各种不同功能的终端设备。软件是办公自动化系统的灵魂，通常采用层次结构，可以为系统软件/公用支撑软件，以及成套运用软件两部分。

通用办公自动化系统一般具有以下功能：建筑物的

物业管理运营信息、电子账务、电子邮件、信息检索和引导、电子会议以及文字处理、文档管理等。

4）综合布线系统（GCS，Generic Cabling System）：综合布线系统是建筑物或建筑群内部之间的传输网络。它能使建筑物或建筑群内部的语言、数据通信设备、信息交换设备、建筑物物业管理及建筑物自动化管理等系统之间彼此相连，也能使建筑物内通信网络设备与外部通信网相连。

智能化大厦的基础是综合布线系统。它能连接语音、数据、图像及各种用于楼宇控制和管理的设备与装置。其目的是利用综合布线的特点来满足不断变化的使用者的需要，同时尽可能减少业主支付建筑的花费。

5）系统集成（SI，System Integration）：它是将智能建筑内不同功能的智能化子系统在物理上、逻辑上和功能上连接在一起，以实现信息综合、资源共享。

系统集成是指为实现某种目标而使某一组子系统或全部子系统有机结合，生成一种能够涵盖信息的收集与综合、信息的分析与处理、信息的交换与共享的能力，而不是多种系统的产品设备的简单堆积，仍单独发挥其子系统功能的系统。

(4）智能建筑的智能化主要体现在弱电系统上，而按功能弱电系统又包括了丰富的内容，通常弱电系统有下列一些系统：

1）楼宇自动化控制系统（BAS）。

2）消防报警系统（FAS）。

3）闭路电视监控系统（CCTV）。

4）防盗报警系统（SAS）。

5）车库收费管理系统（CPS）。

6）智慧卡系统（ICS）。
7）有线电视系统（CATV）。
8）程控交换机系统（PABX）。
9）公共广播系统（PAX）。
10）办公自动化系统（OAS）。
11）大楼综合信息服务系统（MIS）。
12）综合布线系统（GCS）。
13）通信网络系统（CNS）。

（5）智能建筑从服务功能上充分体现了其特点与优势，这就是安全性、舒适性、便捷性和可用性。

智能建筑是以数字交换设备来获得先进通信能力（CA）；以建筑物内局域网来支持高水平的办公自动化能力（OA）；以现代的建筑控制、防灾和节能技术实现建筑自动化能力（BA）；以智能化的中央管理系统（MA）集成CA、OA、BA；以综合布线系统为基础实施3A。

智能建筑基本框架如图3-8-3所示。

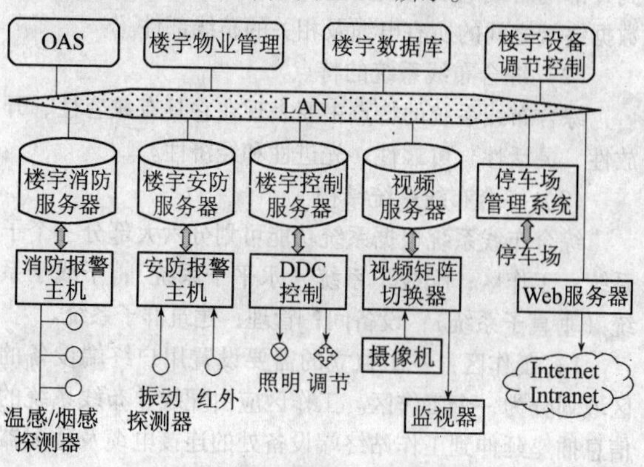

图3-8-3　智能建筑的基本框架

3.8.2 智能家居布线

智能家居布线应该说是一个小型的综合布线系统，它可以作为一个完善的智能小区综合布线系统的一部分，也可以完全独立成为一套综合布线系统。

（1）综合布线系统的定义和特点

我国对综合布线系统的定义为："通信电缆、光缆、各类软件电缆及有关连接硬件构成的通用布线系统，它能支持多种应用系统。即使用户尚未确定具体的应用系统，也可进行布线系统的设计和安装。"

2000年3月，信息产业部会同有关部门共同制定综合布线的国家标准《建筑与建筑群综合布线系统工程设计规范》GB/T 50311—2000中，对综合布线系统的定义为："建筑物或建筑群内的传播网络。它既使语音和数据通信设备、交换设备和其他信息管理系统彼此相连，又使这些设备与外部通信网络连接。它包括建筑物到外部网络或电话局线路上的连接点与工作区的话音或数据终端之间的所有电缆及相关的布线部件。"

（2）综合布线系统的特点

综合布线系统的特点主要表现在它具有兼容性、开放性、灵活性、可靠性、先进性和经济性。

（3）综合布线系统结构

综合布线系统根据系统功能可划分六大部分三个子系统：工作区；配线子系统（水平子系统）；干线子系统（垂直子系统）；设备间；管理；建筑群子系统。

1）工作区：一个独立的需要设置用户终端设备的区域划分为一个工作区。工作区应由配线、布线系统的信息插座延伸到工作站终端设备处的连接电缆及适配器组成。如图3-8-4所示。

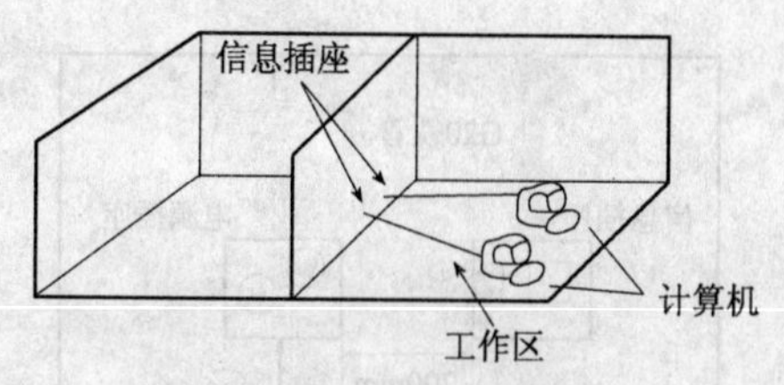

图 3-8-4　工作区示意图

工作区是包括办公室、写字间、作业间、技术室、机房等需用电话、计算机终端等设施和放置相应设备的区域的统称。

在一般办公环境，一个工作区的服务面积可按 5 ~ 10m² 估算，或按不同的应用场合调整面积的大小。每个工作区至少设置一个信息插座用来连接电话机或计算机终端设备，通常设置两个信息插座或按用户要求设置。工作区的每一个信息插座均可支持电话机、数据终端、电视机及监视器等终端的设置和安装。工作区的服务面积实质是估算用户信息点数量的问题。信息插座的类型分为嵌入式和表面安装式两种。通常新建筑物采用嵌入式插座，已建的建筑物采用表面安装式的插座。面板类型分为英式和美式两种，我国主要采用英式的 86mm × 86mm 面板，并分单口、双口（常用 86 英式双口）或多口。接线模块主要有五类、超五类和六类等。信息插座的具体安装要求如图 3-8-5 所示。

2）配线（水平）子系统：配线子系统应由工作区的信息插座、信息插座至楼层配线设备（FD）的配线电缆或光缆、楼层配线设备和跳线等组成。如图 3-8-6 所示。

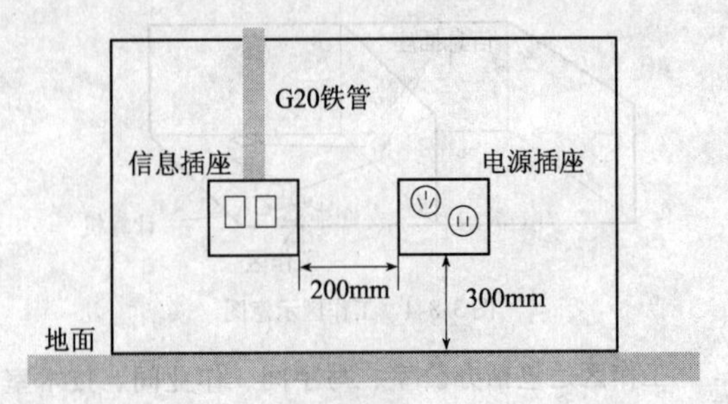

图 3-8-5　信息插座安装示意图

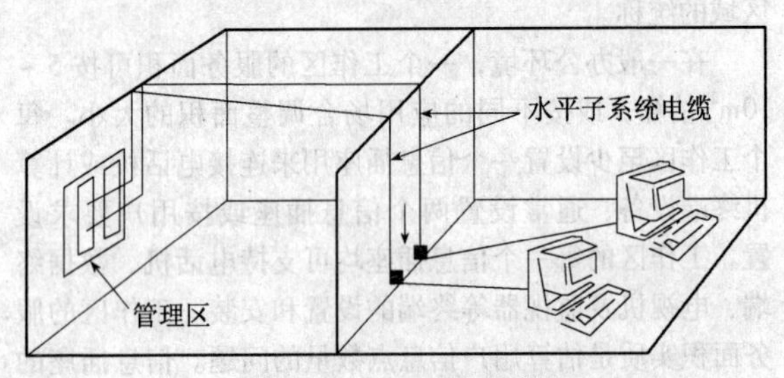

图 3-8-6　配线子系统示意图

配线子系统连接楼层配线设备（FD）与工作区的信息插座的配线线缆应呈星形拓扑结构，其传输介质一般采用 4 对的对绞电缆，在需要时也可采用光缆。配线子系统布线的方式可采用直接埋管、顶棚布线和地面布线等施工方法。在新建大楼中采用顶棚布线方式较多。如图 3-8-7 所示。

配线子系统的设计还包括确定每个配线间的服务区域、确定线槽的类型与长度、确定电缆类型及确定电缆长度等。

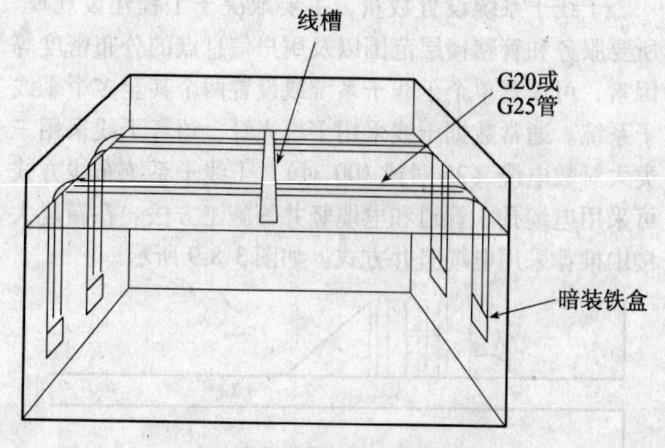

图 3-8-7　顶棚布线示意图

3）干线（垂直）子系统：干线子系统应由设备间的建筑物配线设备（BD）和跳线以及设备间至各楼层配线间的干线电缆组成。如图 3-8-8 所示。

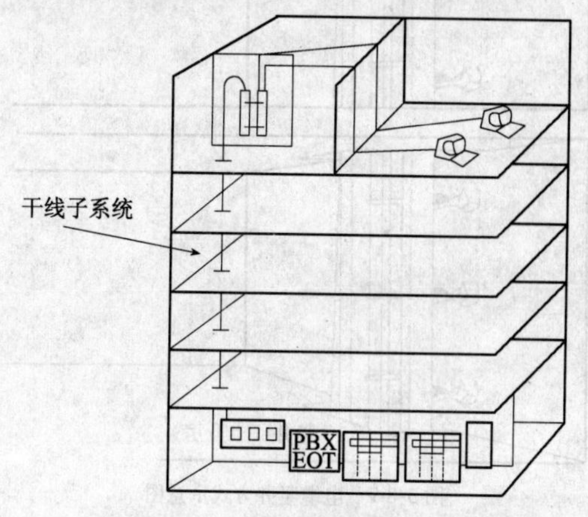

图 3-8-8　干线子系统示意图

干线子系统设置数量，主要取决于工程建设规模、所要服务和管辖楼层范围以及用户信息点的分布密度等因素，可设置单个干线子系统或设置两个甚至多个干线子系统。通常数据干线采用多模光纤，语音干线采用三类大对数电缆（25 对或 100 对）。干线子系统布线方式可采用电缆孔、管道和电缆竖井等施工方法。在新建大楼中推荐采用电缆竖井方式。如图 3-8-9 所示。

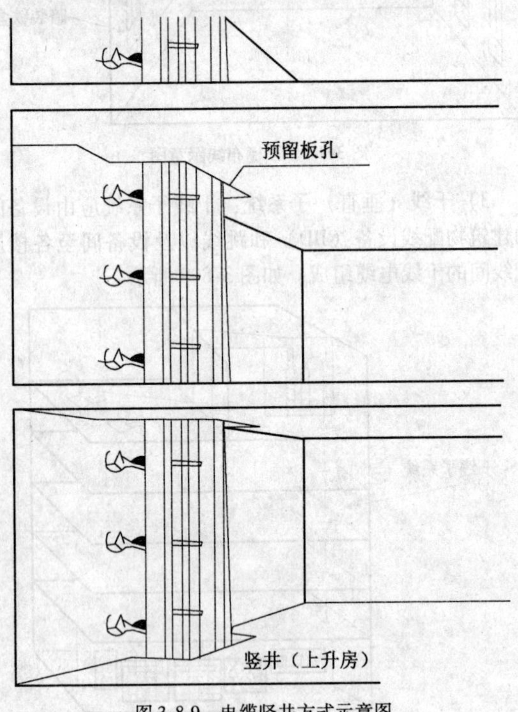

图 3-8-9　电缆竖井方式示意图

4）设备间（交接间）：是指在大楼的适当地点设置电信设备和计算机网络设备，以及建筑物配线设备，进行网络管理的场所。对于综合布线工程设计，设备间主要安装建筑物配线设备（BD）。在实际应用中，电话、计算机等各种主机设备及引入设备可合装在一起。

全楼设备间的位置及大小应根据设备的数量、规模、最佳网络中心等因素，综合考虑确定。设备间内应有足够的设备安装空间，其面积最低不应小于 $10m^2$，每一层交接间的面积最低不应小于 $5m^2$。设备间内的所有总配线设备应用色标区别各类用途的配线区。

交接间内楼层配线架的配置，应根据楼层面积大小、用户信息点数量多少等因素来考虑。一般情况下，每个楼层通常在交接间设置一个楼层配线架；若楼层面积较大（超过 $1000m^2$）或用户信息点数量较多（超过200 个信息点）时，可适当分区增设楼层配线架，以便缩短配线子系统的缆线长度；若某个楼层面积虽然较大，但用户信息点数量不多时，也可不必单独设置楼层配线架，由邻近的楼层配线架越层布线供给使用，以节省设备数量。但应注意其配线电缆长度都在 90m 范围以内。

5）管理：管理是指对设备间、交接间和工作区的配线设备、缆线、信息插座等布线设施，按一定的模式进行标示和记录，以方便使用人员的管理和使用。综合布线的各种配线设备，应采用色标区分干线电缆、配线电缆或设备端接点，同时，还用标记条表明端接区域、物理位置、编号、容量、规格等特点，以便维护人员在现场一目了然地识别。对于布线系统来说，标志管理是日渐突出的问题，这个问题会影响到布线系统能否有效地管理和运用，有效的布线管理对于布线系统和网络的有效运作与维护具有重要意义。

6）建筑群子系统：建筑群子系统应由连接各建筑物之间的综合布线缆线、建筑群配线设备（CD）和跳线等组成。如图 3-8-10 所示。

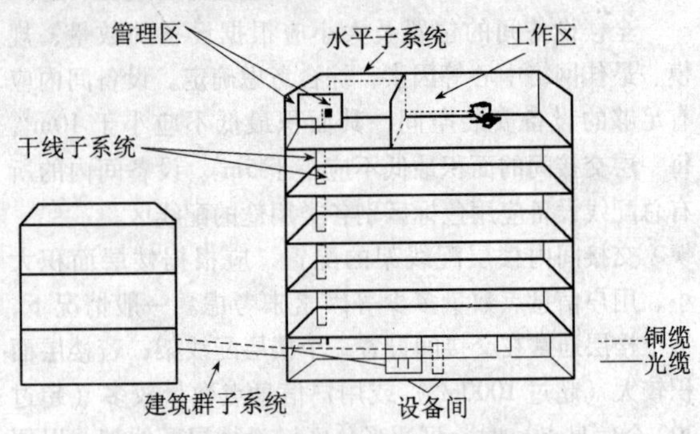

图 3-8-10　建筑群子系统示意图

建筑群子系统属于室外部分，可采用电缆管道、直埋电缆和架空电缆等施工方法，其安装施工现场环境条件与本地网通信线路有相似之处，所以可互相参照。

综合布线系统结构图及系统应用示意图如图 3-8-11 与图 3-8-12 所示。

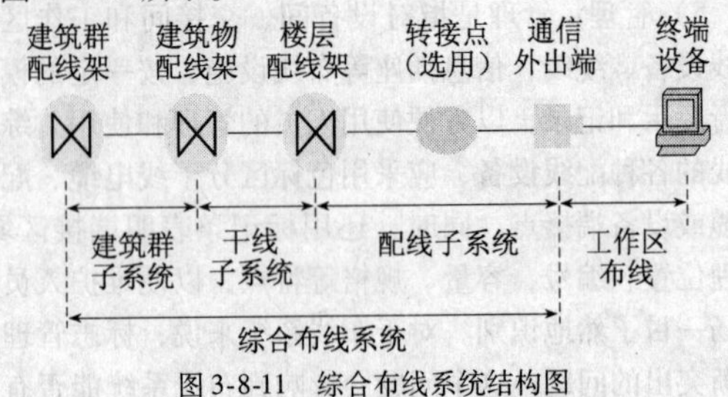

图 3-8-11　综合布线系统结构图

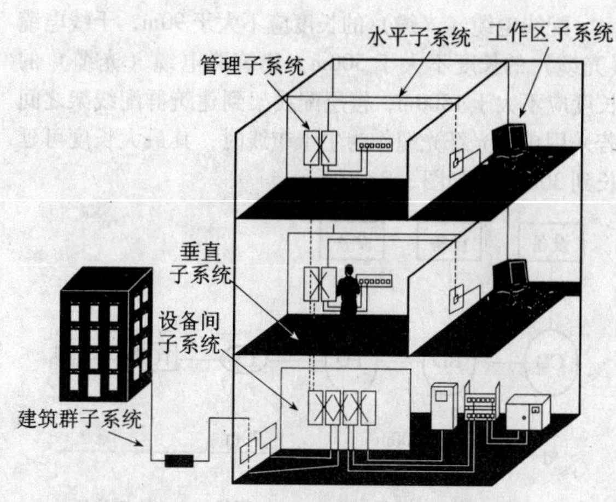

图 3-8-12　综合布线系统应用示意图

（4）综合布线系统主要组成部件

传输介质：综合布线系统常用的传输介质有双绞线和光缆。

1）双绞线（包括大对数电缆）

双绞线是两根铜芯导线，其线径一般为 0.4 ~ 0.65mm，常用的是 0.5mm。

2）光缆

光缆按传输模式划分为多模光缆和单模光缆两类。当用于计算机局域网络时，宜采用多模光缆；作为远距离电信网的一部分时应采用单模光缆。

连接硬件是综合布线系统中各种接续设备的统称。包括各种配线架、各种信息插座以及各种接插软件等。

（5）综合布线系统的技术要求

1）综合布线系统各段缆线的长度限制

配线电缆（光缆）的长度应不大于 90m，干线电缆（光缆）的长度不大于 500m，建筑群电缆（光缆）的长度应不大于 1500m，楼层配线架到建筑群配线架之间若采用单模光纤光缆作为主干布线时，其最大长度可延长到 3000m。如图 3-8-13 所示。

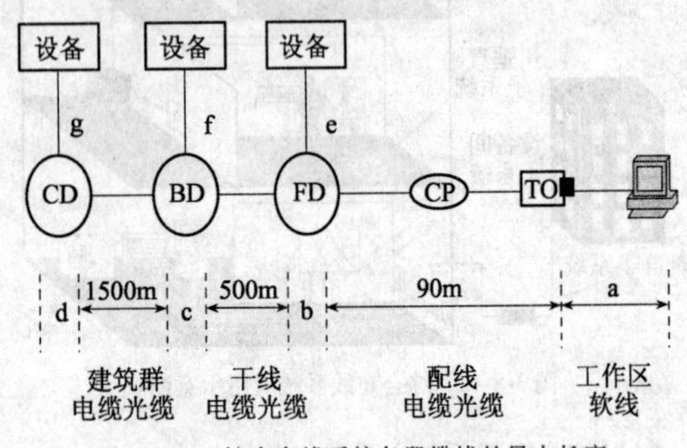

图 3-8-13　综合布线系统各段缆线的最大长度

2）综合布线系统的链路及链路级别

综合布线系统有两个传输通路的概念，即链路（Link）和信道（Channel），信道亦称通道。

链路是指综合布线系统自身两个接口之间具有规定性能的传输通路。即从信息插座到楼层配线架之间的连接通路，链路中不包括终端设备、工作区电缆、工作区光缆和设备电缆、设备光缆。

信道是指连接两个应用设备之间的端口到端口的传输通路。信道中包括了设备电缆、设备光缆和工作区电缆、工作区光缆。

可见链路与信道有所不同，但信道中包括了链路。电缆和光缆的链路与信道示意图，如图 3-8-14 和图 3-8-15 所示。

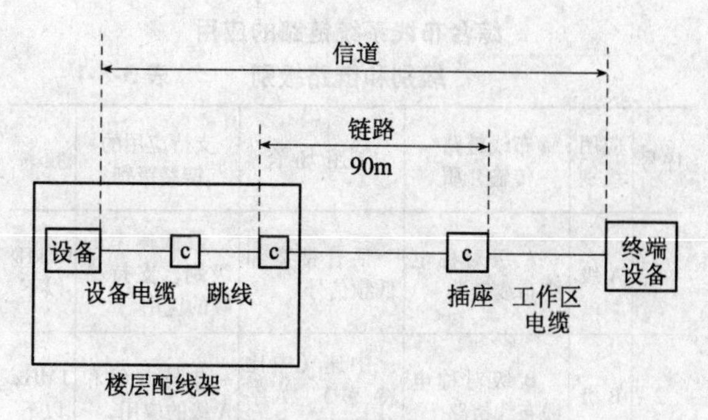

图 3-8-14　对称电缆水平布线模型

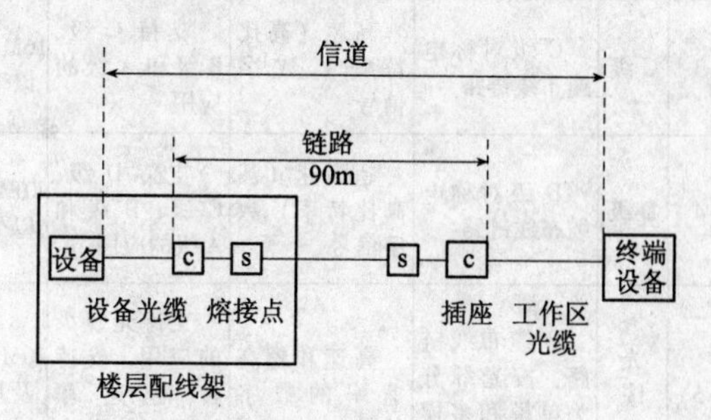

图 3-8-15　光缆水平布线模型

在综合布线系统工程设计中，应根据智能化建筑的客观需要和具体要求来考虑链路的选用。它涉及到链路的应用级别和相关的链路级别，且与所采用的缆线有着密切关系。目前我国链路有五种应用级别，不同的应用级别有不同的服务范围及技术要求。布线链路按照不同的传输介质分为不同级别，并支持相应的应用级别。如表 3-8-1 所示。

综合布线系统链路的应用级别和链路级别　　表 3-8-1

序号	应用级别	布线链路传输介质	应用场合	支持应用的链路级别	频率
1	A 级	A 级对称电缆布线链路	话音带宽和低频信号	最低速率的级别，支持 A 级的应用	100kHz 以下
2	B 级	B 级对称电缆布线链路	中速（中比特率）数字信号	支持 B 级和 A 级的应用	1MHz 以下
3	C 级	C 级对称电缆布线链路	高速（高比特率）数字信号	支持 C 级、B 级和 A 级的应用	16MHz 以下
4	D 级	D 级对称电缆布线链路	超高速（甚高比特率）数字信号	支持 D 级、C 级、B 级和 A 级的应用	100MHz 以下
5	光缆级	光缆布线链路：按光纤分为单模和多模光缆布线链路	高速和超高速率的数字信号	支持光缆级的应用，支持传输速率 10MHz 及以上的各种应用	10MHz 及其以上

特性阻抗为 100Ω 双绞电缆及连接硬件的性能分为三类、四类、五类、超五类和六类，它们分别适用于以下相应的情况：

三类对绞电缆及其连接硬件构成三类布线链路，其支持 16MHz 的带宽、10Mbps 以下速率的应用；

四类对绞电缆及其连接硬件构成四类布线链路，其支持 20MHz 的带宽、16Mbps 以下速率的应用；

五类对绞电缆及其连接硬件构成五类布线链路，其支持100MHz的带宽、155Mbps以下速率的应用；

超五类对绞电缆及其连接硬件构成超五类布线链路，其支持100MHz的带宽、1000Mbps及以下速率的应用；

六类对绞电缆及其连接硬件构成六类布线链路，其支持250MHz的带宽、1000Mbps以上速率的应用；

特性阻抗为150Ω的数字通信用对称电缆（简称150Ω对称电缆）及其连接硬件，只有五类一种，其传输性能支持100MHz的带宽、155Mbps以下速率的应用。

这里要强调的是在同一布线链路中若使用了不同类别器件时，该链路的传输性能由最低级别的器件决定。例如采用五类对绞电缆和超五类连接硬件构成布线链路，其仍是五类布线链路。另外，在一个布线链路中，不应混用标称特性阻抗不同的电缆，也不能混用光纤芯径不同的光缆。

在我国通信行业标准中，推荐采用三类、四类、五类和超五类100Ω的对称电缆，允许采用五类150Ω的对称电缆。目前我国综合布线六类国家标准尚在制订中。

3）综合布线系统传输媒质的传输长度

传输媒质的传输长度是综合布线系统中极为重要的指标。它是分别根据传输媒质的性能要求（如对称电缆的串音或光缆的带宽）与不同应用系统的允许衰减等因素来制定的。如表3-8-2所示。

4）综合布线系统应用的有关问题

① 综合布线产品的选型原则

综合布线系统传输媒质的传输长度　　表 3-8-2

指标名称	链路级别	最高带宽	传输介质					
			对称电缆				光缆	
			三类 100Ω	四类 100Ω	五类 100Ω	五类 150Ω	多模光纤	单模光纤
信道长度（m）	A 级	100kHz	2000	3000	3000	3000		
	B 级	1MHz	200	260	260	400		
	C 级	16MHz	100①	150	160②	250		
	D 级	100MHz			100①	150		
	光缆						2000	3000③

注：① 100m 的信道长度中包括 10m 软电缆长度，即分配给接插软线或跳线、工作区和设备连接用软电缆，其中工作区电缆和设备电缆的总长度不超过 7.5m。
② 信道长度超过 100m 时，需核对具体标准。
③ 实际上，单模光缆端到端无中继的传输能力可达 60km 以上，但单模光缆的长度超过 3km 时，已不属于综合布线的范畴。

A. 产品选型必须与工程实际相结合。应根据智能化建筑和智能化小区的主体性质、所处地位、使用功能和客观环境等特点，从工程实际和用户信息需求考虑，选用合适的产品（包括各种缆线和连接硬件）。

B. 选用的产品应符合我国国情和有关技术标准（包括国际标准、我国国家标准和行业标准）。例如不应采用 120Ω 的布线部件的国外产品。所用的国内外产品均应以我国国标或行业标准为依据进行检测和鉴定，未经鉴定合格的设备和器材不得在工程中使用。未经设计单位同意，不应以其他产品代用。

C. 近期和远期相结合。根据近期信息业务和网络结构的需要，适当考虑今后信息业务种类和数量增加的可能，预留一定的发展余地。但在考虑近远期结合时，不应强求一步到位、贪大求全。要按照信息特点和客观需要，结合工程实际，采取统筹兼顾、因时制宜、逐步到位、分期形成的原则。在具体实施中，还要考虑综合布线系统的产品尚在不断完善和提高，应注意科学技术的发展和符合当时的标准规定，不宜完全以厂商允诺保证的产品质量期限来决定是否选用。

D. 符合技术先进和经济合理相统一的原则。目前我国已有符合国际标准的通信行业标准，对综合布线系统产品的技术性能应以系统指标来衡量。在产品选型时，所选设备和器材的技术性能指标一般要高于系统指标，这样在工程竣工后，才能保证满足全系统技术性能指标。但选用产品的技术性能指标也不宜过高，否则将增加工程造价。

E. 性价比具有竞争力。根据厂商的产品系列、技术水准、售后服务及应用情况等选用性价比较高的产品。

此外，在技术性能相同和指标符合标准的前提下，若已有可用的国内产品，且能提供可靠的售后服务时，应优先选用国产产品，以降低工程造价，促进民族企业产品的改进、提高及发展。

② 综合布线系统的质量问题：综合布线系统质量的优劣（包括材料的质量和施工的工艺等）对网络应用的可靠性产生重要影响。通常物理层的布线故障占整个网络故障总量的70%（图3-8-16），而且随着网络速度的提高，高速率的传输对电缆或接头异常将更为敏感，网络故障的可能性也随之上升。因此，选择高质量的布线产品和规范化的施工工艺是保证网络应用可靠性的基础。

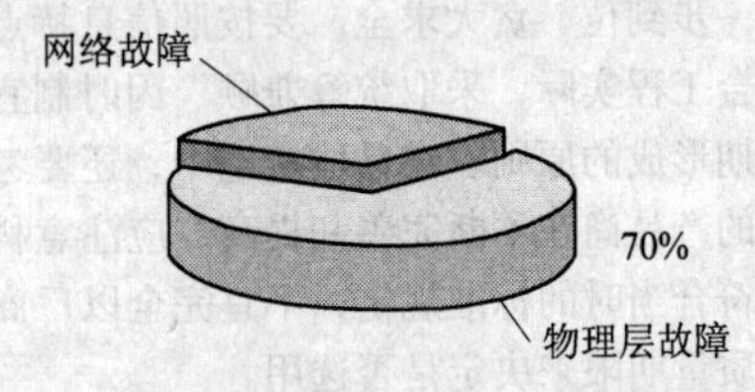

图 3-8-16　布线故障与网络故障的比例图

实际上，在整个信息网络的投资或智能化系统的投资中，综合布线系统所占的投资比例往往很低，一般只有5%～10%左右（图3-8-17），但是综合布线系统的投资寿命却很长，通常在十五年左右（图3-8-18），没有人投资综合布线系统仅仅是为了三五年的使用期。

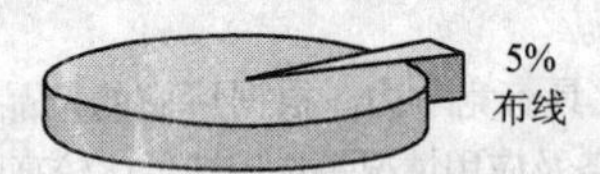

图 3-8-17　综合布线系统与网络的投资比例图

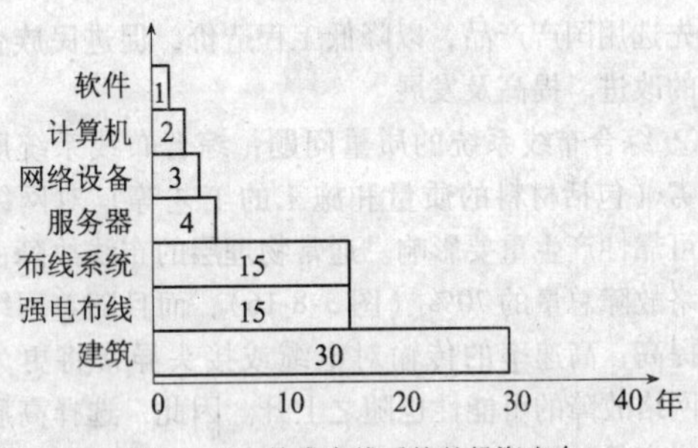

图 3-8-18　综合布线系统的投资寿命

因此，综合考虑到综合布线系统对应用系统的影响、综合布线系统所占的投资比例以及投资寿命等因素，我们在综合布线系统的投资上不应仅关注其价格的高低，而是应将设计水平、施工工艺、产品质量及产品价位等诸多因素综合考虑。

目前国内综合布线市场很大，但产品市场大多数为国外布线厂商所占有，尤其在各种高中档智能大楼中，国内品牌市场占有率很低，因此要加快综合布线产品国产化的步伐。

目前，市场上国内外著名综合布线厂商有：

■ 美国朗讯公司（现称亚美亚：AVAYA）

■ 美国西蒙（SIEMON）

■ 美国安普（AMP）

■ 德国科龙（KLONE）

■ 加拿大北电（NORDX/CDT）

■ 法国阿尔卡特（ALCATEL）

■ 美国百通电线电缆公司（Belden）

■ 中国普天

■ 中国 TCL

综合布线系统是随着科学技术的不断进步而迅速发展起来的，同时综合布线系统还存在不少需要探讨的课题，有待今后不断地补充和完善，其应用范围和技术内涵必然会继续发展和不断丰富。特别是用户日益增长的信息需求，势必使家庭计算机逐步普及，信息传输网络不断扩展，宽带通信的使用领域越来越宽，可视电话、高清晰度电视、会议电视，多媒体通信和局域网互联等都将是宽带通信的潜在应用范围，作为上述各种应用的用户终端设备，其所处的主要环境和安装场所都是在各类房屋建筑中，对于在这些房屋建筑内设置的综合布线系统必然会提出更高的要求，促使综合布线系统工程技术进一步发展。因此，在采用综合布线系统时，必须及时了解其发展动态，密切注意现行的有关标准规定，结合工程实际的需要来考虑，以求尽量满足客观的要求。

智能建筑、智能化小区及智能家居的发展，是通信和信息为人类服务从点到面的飞跃。为了打好智能化建筑、智能化小区及智能家居中的信息系统和通信系统的基础，综合布线系统作为关键设施，必须跟随时代的发展而不断提高和完善，也使综合布线系统的发展具有更加广泛的发展前景。

4 施工质量控制

4.1 建筑电气照明安装工程

4.1.1 硬质和半硬质导管

(1) 材料要求

1) 材料应有合格证，其材质应符合阻燃、耐冲击的要求。

2) 管材内外应光滑，管壁厚度应均匀一致。

3) 开关盒、插座盒、接线盒、箱应外观整齐、开孔齐全，无劈裂等现象。

(2) 质量标准

1) 绝缘导管材质的氧指数应符合规定。

2) 绝缘导管的材质及适用场所必须符合设计要求和施工规范的规定。

3) 绝缘导管在砌体上剔槽敷设时，应采用强度等级不小于 M10 的水泥砂浆抹面，其厚度不小于 15mm。

4) 管路连接，应使用专用胶粘剂接口，使其连接紧密、管口光滑。

5) 箱、盒设置正确，固定牢固，管进入箱、盒应顺直，在箱、盒内露出长度应小于 5mm。

(3) 应注意的问题

1) 明配管固定管卡出现垂直与水平超偏，管卡间距不均匀。

2) 暗敷设管路有外露或保护层不足 15mm。

3）套箍偏中，有松动，插不到位，胶粘剂抹得不均匀。

4）管路摵弯曲的凹扁度过大及弯曲半径不符合要求。

5）为防止管路堵塞，朝上的管口应及时堵好。

4.1.2 钢管敷设

（1）材料要求

1）所用材料应有合格证。

2）管壁厚度均匀、焊缝均匀、无劈裂、砂眼、棱刺和凹扁现象。

3）使用通丝管箍。丝扣清晰、不乱扣、镀锌层完好，无劈裂现象。

4）锁紧螺母，丝扣清晰，外形完好无损。

5）金属灯头盒、开关盒、接线盒等，盒板厚度应符合要求，镀锌层无脱落，无变形开焊，敲落孔完好无缺，面板安装孔与接地安装脚齐全。

6）其他材料（如电焊条、防锈漆、水泥、机油）等无过期变质现象。

（2）质量要求

1）金属导管严禁对口熔焊连接，镀锌和壁厚小于2mm的钢导管不得套管熔焊连接。

2）镀锌钢管，可挠性导管不得熔焊跨接地线，以专用接地卡跨接时，截面不小于$4mm^2$铜芯导线。

3）套接扣压式和紧钉式薄壁金属管接口处应涂动力复合脂，可不做跨接。

4）管路连接紧密，管口光滑，护口齐全，明配管吊架、支架牢固，排列整齐，管子弯曲处无明显折皱，油漆防腐完整，暗配管保护层大于15mm。

5）箱、盒设置正确，固定可靠。管子进入箱、盒露出长度小于5mm，用锁紧螺母固定，管子露出锁紧螺母的丝扣2～3扣为宜。

6）金属导管的内外壁应作防腐处理；埋于混凝土内的金属管，内壁作防腐处理，外壁可以不作。

7）室内进入落地式柜、台、箱内的管口，应高出基础面50～80mm。

8）室外埋设的电源导管，埋深不应小于0.7m，壁厚不应小于2mm。

（3）应注意的问题

1）揻弯时弯曲半径不够或弯扁度过大。

2）预埋箱、盒、支架、吊杆应注意找正，安装牢固。

3）线管跨接地线焊接，要注意搭接倍数，不要将管焊漏，焊接不牢。

4）明配管时应注意固定点间距是否均匀，固定点是否牢固。

5）管口不平整有毛刺，断管后要注意及时洗口，将管口锉平。

6）镀锌层破损处，应及时补刷防锈漆。

4.1.3　管内穿线

（1）材料要求

1）导线规格、型号必须符合设计要求，应有合格证、“ccc”认证标志和认证复印件证书。

2）护口齐全，并与管径相吻合。

3）安全型压线帽，可根据导线规格和根数选择使用。

4）套管、接线端子要与导线规格相配套。

5）焊锡——由锡、铅和锑等元素组合的低熔点（185～260℃）合金，使用前制成条状或丝状。

（2）质量要求

1）导线的规格、型号必须符合设计要求和国家标准。

2）三相或单相交流电单芯电线、电缆不得单独穿入钢导管内。

3）照明线路的绝缘阻值不小 0.5MΩ。

4）箱、盒内清洁无杂物，护口、护线套管齐全无脱落，导线排列整齐并留有一定的余量。导线在管内无接头，导线连接牢固，不伤线芯，无断股现象，刷锡饱满，包扎严密，绝缘良好。

5）导线的接地、接零截面选择正确，连接牢固。

（3）应注意的问题

1）在施工中存在护口遗漏、脱落、破损及与管径不符等现象，应及时补齐、更换。

2）铜导线在连接时，导线缠绕圈数要满足5～8圈。

3）导线连接处焊锡不饱满，出现虚焊、头夹现象要检查导线清理是否干净，焊锡、焊油产品质量是否符合要求，焊锡温度是否合适。

4）接头部分包扎不平整、不严密，应按规格要求重新包扎。

5）采用安全型压线帽接头，导线绝缘应与帽内压接管平齐。

4.1.4 线槽、桥架配线安装

（1）材料要求

1）线槽、桥架及其附件应有合格证，其型号、规格应符合设计要求。

2）线槽、桥架内外应光滑平整、无棱刺、扭曲、翘边变形现象。

3）绝缘导线、电缆，其规格、型号必须符合设计要求，并有产品合格证及“ccc”认证。

4）镀锌材料采用钢板、圆钢、扁钢、角钢、螺栓、螺母等材料时，应经过热镀锌处理。

（2）质量要求

1）线槽、桥架、电线、电缆的规格必须符合设计要求和有关规范规定。

2）非镀锌材料金属线槽的跨接接地线，其截面不小于4mm^2铜芯软导线。镀锌金属线槽、桥架连接，其连接板处两端不少于2个防松螺栓固定。

3）金属线槽、桥架在设计无要求时，全长不少于2处与接地或接零干线连接。

4）线槽内的电线、电缆应留有一定的裕量，不得有接头。

5）线槽、桥架在建筑物变形缝处，应有补偿装置。钢制桥架超过30m，铝合金或玻璃钢桥架超过15m应设伸缩节。

6）电缆桥架、线槽在穿过不同的防火分区时，应用防火堵料将四周缝隙堵严。

7）线槽、桥架垂直、平直度允许偏差不应超过全长的5‰。

（3）应注意问题

1）支架与吊架固定不牢，其间距不符合规范要求。

2）支架与吊架的焊缝未作防腐处理。

3）线槽、桥架接茬处不平齐，线槽盖板有残缺。

4.1.5 照明灯具安装

（1）材料要求

1）灯具的规格型号必须符合设计要求和国家标准规定。所有灯具应有产品合格证或“ccc”认证。

2）灯具配件齐全，无机械损伤、变形、油漆剥落、灯罩破裂、灯箱歪翘等现象。

3）吊管灯具。钢管内径不应小于10mm，管壁厚度不应小于1.5mm。

4）吊钩。花灯的吊钩，其圆钢直径不小于灯具挂销直径，且不得小于6mm；大型花灯的固定及悬吊装置应按灯具重量的2倍做过载试验，吊扇的挂钩不应小于挂销直径，且不得小于8mm。

（2）质量要求

1）灯具、吊扇必须符合设计及规范要求。

2）吊扇和3kg以上的灯具必须预埋吊钩或螺栓，预埋件按2倍负荷重量做过载试验。

3）低于2.4m以下的灯具，金属外壳部分应有专用接地螺栓，做好接地接零保护。

4）灯具、吊扇的安装应牢固端正，多套灯具安装应位置正确、排序整齐。成排安装的中心线允许偏差5mm。

（3）应注意的问题

1）成排安装的灯具、吊扇偏差不能超过允许值。

2）圆台固定要牢固，圆台直径75~150mm时，应用两条螺栓固定；直径在150mm以上时，应用三条螺栓固定。

3）法兰盘、吊盒、平灯口安装不在圆台中心，其偏差超过1.5mm，应返工重装。

4.1.6 开关、插座安装

(1) 材料要求

1) 开关、插座应有合格证，并有“ccc”认证。

2) 规格型号符合设计要求。

3) 绝缘台（板），应有足够的强度。

(2) 质量要求

1) 交流、直流或不同电压等级的插座安装在同一场所时，应有明显区别，必须选择不同结构、不同规格和不能互接的插座。

2) 同一场所的开关安装，切断位置应一致。

3) 插座安装，横装时面对插座应为左零右火，竖向安装时下零上火。三孔插座左零右火上接地或接零。

4) 同一场所安装高度差不大于5mm。并列安装时不大于0.5mm。

(3) 应注意的问题

1) 开关、插座的接线应正确，开关与灯具的控制顺序应一致。

2) 开关、插座盒深度超过20~25mm，应加套盒。

3) 开关、插座内导线串接，分支与总线应采用爪形连接。

4.2 配电箱盘安装

4.2.1 材料要求

(1) 金属配电箱箱体应有一定的机械强度，周边平整无损伤，漆面无脱落，二层板厚度不小于1.5mm，各种器具安装牢固，导线排列整齐、压接牢固，并有合格证。

(2) 阻燃型塑料配电箱（盘），箱体应有一定的机械强度，二层板厚度不应小于8mm，并有产品合格证。

（3）绝缘导线规格型号必须符合设计要求，并有产品合格证或“ccc”认证。

4.2.2 质量标准

（1）箱（盘）内的器具接地（接零）保护措施和安全要求要符合规范规定。

（2）箱内压板式压接点两侧的导线截面积相同，同一端子上导线连接不多于2根，并应有防松措施。

（3）漏电开关动作灵活可靠，动作电流不大于30mm，动作时间不大于0.1s。

（4）设置N线PE线汇流排，压接点应使用内六角螺栓。

（5）配电箱（盘）安装垂直度允许偏差1.5‰。

4.2.3 应注意的问题

（1）箱盘安装高度，垂直度是否超出允许偏差。

（2）盘面器具、仪表安装是否牢固、平整，间距是否均匀，导线压接是否牢固。

（3）保护地线截面是否符合要求，连接方法是否符合规范要求。

（4）配电箱开孔，应一管一孔，不应用电。气焊开孔，管入箱应整齐，锁母、护口齐全。

（5）箱内焊点，应补刷防锈漆。

4.3 防雷接地装置

4.3.1 材料要求

（1）防雷接地工程所用材料为镀锌制品，如：扁钢、角钢、圆钢、钢管、螺栓、支架等。

（2）外观检查，镀锌层是否完好，有无脱落现象。

（3）检查材质证明书和合格证。

4.3.2 质量要求

（1）材料的规格、质量符合设计要求。接地装置的接地电阻值符合设计要求。

（2）电气设备、器具等的接地要分别连接，不允许串联连接。

（3）等电位联结，等电位干线或总等电位箱与接地装置的连接不能少于2处。

（4）避雷针安装位置正确，牢固可靠，防腐良好。

（5）接地线敷设，平直、牢固，固定点间距均匀，防腐完整，焊缝平整、饱满。

（6）接地体的安装、位置、间距及埋设深度要符合规范要求。

4.3.3 应注意的问题

（1）接地体的埋设深度、间距是否符合要求。如达不到要求，按设计与规范要求更改。

（2）焊接搭接倍数不够，或焊缝有加渣、咬肉、气孔等缺陷。

（3）防锈漆漏刷，应及时补刷。

（4）避雷线不平直，卡子有松动，缺少附件，应及时补齐，螺栓拧紧。

4.4 电气动力工程

4.4.1 成套动力配电箱（柜）的安装

（1）材料要求

1）设备和器材必须符合国家现行技术标准，并有合格证，设备应有铭牌。

2）包装及密封良好。

3）开箱检查，规格型号符合设计要求，设备无损伤，附件、备件齐全。

4）产品技术文件齐全。

（2）质量要求

1）基础型钢的安装

① 允许偏差符合表4-4-1的要求。

基础型钢安装的允许偏差　表4-4-1

项　目	允许偏差	
	mm/m	mm/全长
不直度	<1	<5
水平度	<1	<5
位置误差及不平行度		<5

② 基础型钢安装后，其顶部应该高出地面10mm，并应有明显的可靠接地。

2）盘、柜安装

① 盘、柜及盘、柜内设备与各构件间连接应牢固。

② 盘、柜单独或成列安装时，其垂直度、水平偏差以及盘、柜面偏差和盘、柜间接缝的允许偏差应符合表4-4-2的规定。

盘、柜安装的允许偏差　表4-4-2

项	目	允许偏差（mm）
垂　直　度（m）		<1.5
水平偏差	相邻两盘顶部	<2
	成列盘顶部	<5
盘面偏差	相邻两盘边	<1
	成列盘面	<5
盘间接缝		<2

③ 端子箱安装应牢固，封闭良好，并能防潮、防尘，安装位置应便于检查。

3）盘、柜、箱、台的接地应牢靠、良好，装有电器的可开启的门，应以裸铜软线与接地的金属构架可靠地连接。

4.4.2 盘、柜上的电器安装

（1）材料要求

电器元件质量良好，型号、规格应符合设计要求，外观良好且附件齐全。

（2）质量要求

1）各电器应能单独拆装更换而不影响其他电线的固定。

2）发热元件应安装在散热良好的地方，发热元件之间的连接应采用耐热导线或裸铜线陶瓷管。

3）信号回路的信号灯、光字牌、电铃、电笛、事故点钟等应显示准确，工作可靠。

4）端子排安装，应无损坏，固定牢靠，绝缘良好，并应有序号。

5）接线端子应与导线匹配。

6）盘、柜的正面及背面各电器，端子排应表明编号、名称、用途及操作位置。

（3）应注意的问题

1）箱、柜的固定及接地是否可靠有无松动现象。

2）盘、柜内的电器元件，安装位置是否正确，标志应齐全、清晰。

3）操作和联动试验动作要正确。

4）盘、柜安装水平、垂直是否超出规范要求。

5）盘、柜接地是否可靠、有效。

4.5 室外架空线路

4.5.1 材料要求

（1）架空线路采用的设备、器材及材料应符合国家现行标准的规定，并应有产品合格证，设备应有铭牌。

（2）架空电力线路的线材，安装前应进行外观检查，并应符合下列规定。

1）不应有松股、交叉、折叠、断股及破损等缺陷。

2）不应有腐蚀现象。

3）钢绞线、镀锌钢丝表面镀锌层应良好，无锈蚀。

4）绝缘线表面应光洁，色泽均匀，绝缘层厚度应符合规定。

（3）金具组装配合应良好，表面光洁，无裂缝、毛刺、砂眼、气泡等缺陷。

4.5.2 质量要求

（1）架空线路与其他各种设施交叉、接近时的距离以及导线对地面、河面和各种路面的最小垂直距离，应符合规范要求。

（2）架空线路不同电压等级同杆架设及杆上线路排列相序应符合规范规定。

（3）导线的连接应符合要求。

（4）杆坑的定位要符合设计要求，而耐张杆、转角杆、终端杆等特殊杆型的位置确定正确。

4.5.3 应注意的问题

（1）架空线路档距、跨距、弧垂、间隔等是否符合规范要求。

（2）金具等镀锌层是否完好、无锈蚀现象。

（3）杆坑基础、拉线应正确，坑底应铲平、夯实，拉线的角度一般不宜小于45°，特种杆型拉线方向应正确。

4.6 电缆工程

电缆种类很多，本节主要适用10kV以下电缆及一般民用建筑电气安装工程的电气电缆敷设，电缆头的制安等。

4.6.1 材料要求

(1) 常用品牌规格

电缆的品牌规格和应用，要根据使用场所、周围环境、使用年限和经济等方面考虑。常用电缆规格型号参见表4-6-1。

型号、名称及敷设场合　　表4-6-1

电缆名称	型号		导体标称截面（mm^2）	使用条件	敷设场合
交联聚乙烯绝缘聚氯乙烯护套电力电缆	YJV	YJLV	1.5 ↓ 400	使用于室内外敷设，可经受一定的敷设牵引，但不能承受机械外力作用的场合。单芯电缆不允许敷设在导磁性管道中	架空、室内、隧道、电缆沟
交联聚乙烯绝缘聚氯乙烯护套电力电缆	YJV	YJLV	1.5 ↓ 400	使用于室内外敷设，可经受一定的敷设牵引，但不能承受机械外力作用的场合。单芯电缆不允许敷设在导磁性管道中	架空、室内、隧道、电缆沟

续表

电缆名称	型号		导体标称截面（mm^2）	使用条件	敷设场合
交联聚乙烯绝缘聚氯乙烯护套钢带铠装电力电缆	YJV_{22}	$YJLV_{22}$	1.5 ↓ 400	适用于埋地敷设，能承受机械外力作用，但不能承受大的拉力	地下、室内、隧道、电缆沟
交联聚乙烯绝缘聚氯乙烯护套钢带铠装电力电缆	YJV_{23}	$YJLV_{23}$	1.5 ↓ 400	适用于埋地敷设，能承受机械外力作用，但不能承受大的拉力	地下、室内、隧道、电缆沟
交联聚乙烯绝缘聚氯乙烯护套细钢丝铠装电力电缆	YJV_{32}	$YJLV_{32}$	1.5 ↓ 400	适用于水中或高落差地区，能承受机械外力作用和相当的拉力	高落差、竖井及水下
交联聚乙烯绝缘聚氯乙烯护套细钢丝铠装电力电缆	YJV_{33}	$YJLV_{33}$	1.5 ↓ 400	适用于水中或高落差地区，能承受机械外力作用和相当的拉力	高落差、竖井及水下
交联聚乙烯绝缘聚氯乙烯护套粗钢丝铠装电力电缆	YJV_{42}	$YJLV_{42}$	1.5 ↓ 400	适用于水中或高落差地区，能承受机械外力作用和相当的拉力	高落差、竖井及水下

续表

电缆名称	型号		导体标称截面（mm^2）	使用条件	敷设场合
交联聚乙烯绝缘聚氯乙烯护套粗钢丝铠装电力电缆	YJV_{43}	$YJLV_{43}$	1.5 ↓ 400	适用于水中或高落差地区，能承受机械外力作用和相当的拉力	高落差、竖井及水下

（2）交联聚乙烯电力电缆见表4-6-2。

交联聚乙烯电力电缆技术规格一览表　　表4-6-2

额定电压 U_0/U（kV）	工作温度		安装时温度不小于	执行标准、符合标准
	长期允许工作温度	短路允许（5s内）		
8.7/10	90℃	250℃	0℃	GB 12706—91 IEC502

（3）电缆的材质要求

1）型号规格及电压等级符合设计要求，并有合格证和生产许可证编号。

2）每轴电缆上应标明电缆的规格、型号、电压等级、长度及出厂日期。

3）电缆外观应完好无损，无机械损坏，铠装无锈蚀，无明显折皱和扭曲现象。

4）电缆的其他附属材料应符合要求。

4.6.2　质量要求

（1）电缆敷设严禁有绞拧、压扁铠装层、保护层断裂或有严重划伤等现象。

(2) 三相或单项的交流单芯电缆，不得单独穿于钢导管内。

(3) 高压电力电缆直流耐压试验要符合《电气装置安装工程电气设备交接试验标准》GB 50150的规定。

(4) 铠装电力电缆头的接地线应采用铜绞线或铜镀锡编织线。

(5) 电缆最小允许弯曲半径应符合表4-6-3规定。

电缆最小允许弯曲半径　　表4-6-3

序号	电　缆　种　类	最小允许弯曲半径
1	无铅包钢铠护套的橡皮绝缘电力电缆	10*D*
2	有钢铠护套的橡皮绝缘电力电缆	20*D*
3	聚氯乙烯绝缘电缆	10*D*
4	交联聚氯乙烯绝缘电缆	15*D*
5	多芯控制电缆	10*D*

注：*D* 为电缆外径。

(6) 电缆与管道的间距应符合表4-6-4规定。

电缆与管道的最小净距　　表4-6-4

管　道　类　别		平行净距（m）	交叉净距（m）
一般工艺管道		0.4	0.3
易燃易爆气体管道		0.5	0.5
热力管道	有保温层	0.5	0.3
	无保温层	1.0	0.5

(7) 电缆的首端、末端和分支应设标志牌。

(8) 桥架内、支架上电缆敷设应符合规范规定。

（9）电缆终端上应有明显的相色标志，且应与系统的相位一致。

4.6.3 应注意的问题

（1）电缆进入室内、电缆沟时，注意防水套管的密封，不能使水进入室内。

（2）沿桥架、支架敷设电缆时，应将电缆排列整齐，要在施工前将电缆事先排列好。

（3）沿桥梁、托盘敷设的电缆防止弯曲半径不够，在桥梁、托盘安装时应考虑最大电缆截面弯曲半径要求。

（4）防止电缆标志牌挂装不整齐，或有遗漏。

4.7 电梯工程

4.7.1 材料要求

（1）开箱检查设备外观完整无损，配件包装完好、齐全。

（2）电梯的铭牌与设计应相符，并有产品合格证。

（3）辅助材料应有产品合格证，材质证明。

4.7.2 质量要求

（1）机房、井道的各种尺寸要符合设计要求。

（2）机房电源要符合设计要求，并满足使用要求。

（3）预埋件及预留孔洞符合设计要求。

（4）电气装置的附属构架、电线管、电线槽等非带电金属部分，均应刷防锈漆或镀锌。

（5）随行电缆安装前，必须预先自由悬挂，消除电缆扭曲。

（6）圆形随行电缆应绑扎牢固在桥底和井道电缆井上，绑扎长度应为30～70mm。绑扎处应离电缆架钢管100～150mm。

（7）选层器的安装应牢固，垂直偏差不应大于0.1%。

4.7.3　应注意的问题

（1）电梯平时运行中应注意电引绳槽的清洁，不得将润滑油或机油上到电引槽内。

（2）减速箱要注意定时更换润滑油，注意观察油的温升。

（3）制动器不得打滑，应注意适当调整制动弹簧。

（4）电动机及速度反馈装置检修，应保证电动机的绝缘强度。

4.8　智能建筑工程

智能建筑工程应具备以下条件：先进的自动化系统，良好的通信网络设施及提供足够的对外通信设施。它的完成主要由系统集成中心，通过综合布线系统来控制3A系统，实现高度信息化、自动化和舒适化的现代建筑。

4.8.1　综合布线系统

（1）材料设备要求

1）工程所用设备、规格、数量、质量在施工前应进行检查，并应有产品合格证及相关资料证明。

2）工程中使用的线缆、器材应符合设计要求。

3）备品、备件及各类资料齐全。

4）设备外观应完好，镀层均匀、无脱落。

5）各类线缆、光缆外观应无损伤，检验数据应合格，并应有产品合格证。

6）光、电缆交接设备的编排及标志名称应与设计相符。各类标志应统一，标志位置正确、清晰。

7）配线模块和信息插座及插件应完整，塑料材质应满足设计要求。

(2) 质量要求

1) 综合布线级别规定

① 基本型:

A. 每个工作区有一个信息插座。

B. 每个工作区配备1条4对双绞电缆。

C. 采用夹线式交接硬件。

D. 每个工作区干线电缆至少有2对双绞线。

② 增强型:

A. 每个工作区有2个或以上信息插座。

B. 每个工作区配线电缆为2条4对双绞线。

C. 采用增值接式或插接交接硬件。

D. 每个工作区至少有2对双绞线。

③ 综合型:

综合型综合布线配置应在基本型和增强型综合布线的基础上增设光缆系统，是用光缆和铜芯对绞电缆混合组网。

④ 综合布线应能满足所支持电话、数据、电话系统的传输标准要求。

⑤ 综合布线的分级和传输距离应满足规定要求。

2) 应注意的问题

① 导线压接松动，绝缘电阻值低。

② 导线编号混乱，颜色不统一。

③ 压接导线时，应认真摇测各回路的绝缘电阻。

④ 柜（盘)、箱的安装平直度应在允许值内。

⑤ 提供可靠的接地装置，接电装置的阻值应符合设计要求。

4.8.2 楼宇自控系统

(1) 材料要求

1) 工程所用设备（DDC、前端执行器、控制箱、通信模块等)、型号、规格、数量、质量应符合设计要求，应有出厂检验证明材料。

2）工程中使用的线缆、器材应与订货合同上的规格、型号、等级一致。

3）备件、备品及各类资料应齐全。

4）工程中使用的管材，其管身应光滑、管孔无变形、管壁薄厚均匀。

5）各类前端设备的规格、型号应符合设计要求并有产品合格证。

6）线缆要求：

① 对绞电缆或专用线缆，其规格、型号应符合设计要求。

② 电缆所附标志、标签齐全、清晰。

③ 电缆外观完整无损，并应有检验合格证。

④ 电缆在进场前应进行抽样检测，并做测试记录。

7）UPS：

① 确定电源的功率、型号、波形是否符合图纸要求。

② 外观应完好，表面光洁、无脱落、气泡等缺陷。

③ 设备进场前要对其功率、电压、电流、波形失真度等各项进行检测，并出具检测报告。

8）中央管理计算机：

① 确定设备的各项功能是否与设计相符合。

② 设备进场前应进行检测，并出具检测报告。

（2）质量标准

1）楼宇自控系统设备的动力线及信号线、控制线、接地线应符合要求。

2）各种传感器及变送器的型号、规格、安装位置及方式，固定牢固，安装质量应符合设计要求。

3）各类控制设备的型号、类别、安装位置、安装方式、安装质量应符合设计要求。

4）对不同的设备及设备组安装的控制执行器的执行效果应符合设计要求。

（3）应注意的问题

1）安装应牢固，如有松动现象应及时紧固修理。

2）导线压接松动、反圈、绝缘阻值低，应重新压接松动部位；反圈应调整后重新压接；绝缘阻值低于标准的，应查出原因，否则应更换。

3）压接导线前，应认真摇测各回路的绝缘电阻。

4）运行中出现误报，应检查接地电阻值是否符合要求，是否有虚接现象。

4.8.3 消防系统

（1）材料设备要求

1）各类火灾探测器等材质规格、型号应符合文件规定。

2）设备外观应完好，镀层均匀、完整、表面光洁、无脱落等现象。有产品合格证。

3）前端设备，各类缆线、管材、联动装置等应在进场前进行检测，并出具检测报告。

（2）质量标准

1）按设计要求及施工规范要求施工，保证其各类设备工作正常。

2）柜（盘）要有防尘、防潮措施，房门应装锁，以确保设备正常运行。

3）探测器、联动装置应有防破坏、防拆卸等功能。

（3）应注意的问题

1）安装应牢固，如有松动部位应及时修理。

2）导线压接正常，注意不要有反圈压接。绝缘阻值低的要找出原因，达到标准后方可投入使用。

3）运行中出现误报，应检查接地电阻值是否符合要求，是否有虚接现象。

5 电气安全知识

电能是现代生产、生活中必不可少的能源，电力发展水平和电气化程度的高低，是一个国家经济发展水平的重要标志。电造福于人类，但如果不掌握它，它又会给人类造成伤害。所以掌握必要的电气知识，执行正确的操作规程十分必要，它能有效地避免和减少可能发生的人身触电伤亡、电气设备损坏等各种电气事故。

电气安全包括人身安全和设备安全两个方面。我们将从这两方面入手，以帮助广大从事电气工作的人员在工作以及日常生活中安全地接触电气设备，安全工作和安全用电。

5.1 人身触电预防

5.1.1 电流通过人体的危险

电流通过人体时，它的热效应会造成人体电灼伤；它的化学效应会造成电烙印和皮肤金属化；它的电磁场也会辐射，使人头晕、乏力。

电流通过人体，对人危害的程度与通过人体的电流大小、电压高低、持续时间以及通过人体的途径和人的健康状况有直接关系。

(1) 电流强度对人的影响

通过人体的电流越大，人的生理反应越明显，致命的危险也越大。

按不同电流强度通过人体时，人体的反应情况可分为以下三类：

1）感觉电流：使人体有感觉的最小电流。一般情况下，成年男性感觉电流约为1.1mA（工频）；成年女性约为0.7mA（工频）。

2）摆脱电流：人体触电后能自主摆脱电源。一般成年男性摆脱电流约为16mA（工频）；成年女性约为10mA（工频）。

3）致命电流：在较短时间内，危及生命的最小电流称为致命电流。一般情况下，通过人体的电流超过50mA（工频）时，人的心脏就会停止跳动，发生昏迷和出现致命的电灼伤。工频电流超过100mA时，很快会致人死命。

（2）电流通过人体的持续时间对人体触电的影响

电流通过人体的时间越长，对人体组织破坏越严重。同时人体心脏收缩和舒张1次，中间有一时间间隙，在这段间隙时间触电，心脏对电流更为敏感，即使电流很小，也会引起心室颤动。所以，触电时间超过1s，就相当危险了。

（3）电压对人体触电的影响

当人体的电阻一定时，作用于人体的电压越高，则通过人体的电流就越大，这样就越危险，而且随着作用于人体的电压不断升高，人体的电阻还会下降，使电流更大，对人体造成的伤害更严重。

（4）人体电阻对触电的影响

人体电阻主要由两部分组成，即人体内部电阻和皮肤表皮电阻。不同类型的人，皮肤电阻差异很大，因而使人体电阻差异也大，一般人体电阻可按1～2kΩ考虑。

人体触电时，流过人体的电流就取决于人体电阻的大小。人体电阻越小，通过人体的电流越大，对人体构成的伤害越大。

（5）电流通过人体的途径对人体的影响

电流总是从电阻最小的途径通过，电流通过人体的途径不同，危险程度和造成人体伤害的途径也不同。人体触电，从左手到脚的途径危险最大，从右手到脚的途径危险相对小些，但也容易引起痉挛和摔倒，导致电流通过全身或摔伤。

（6）人体健康状况对触电的影响

患有心脏病、结核病、精神病、内分泌系统疾病或醉酒的人触电后果更为严重。

5.1.2 人体触电的方式

人体触电的形式一般有与带电体直接接触、跨步电压、接触电压触电等。

（1）人体与带电体直接接触

当人体接触到电气设备的带电部分或线路中的某一相导体，或与高压系统设备不能保持安全距离导致对人体放电，这时电流将通过人体流入大地，这种触电称为单相触电，如图 5-1-1 所示。如果人体同时接触电气设备或线路中两相带电导体，则电流将从一相导体通过人体流入另一相导体，这种触电现象称为两相触电，如图 5-1-2所示。

（2）跨步电压触电

当电气设备或线路发生接地故障，接地电流将流向大地，这时在地面上形成分布电位，要 20m 以外，电位才等于零。人假如在接地点 20m 以内行走，其两脚之间就有电位差，这就是跨步电压。如图 5-1-3 所示。

跨步电位的大小与人体接近接地点的位置和人体两脚之间的距离有直接关系。离接地点越近，跨步电压的数值就越大。

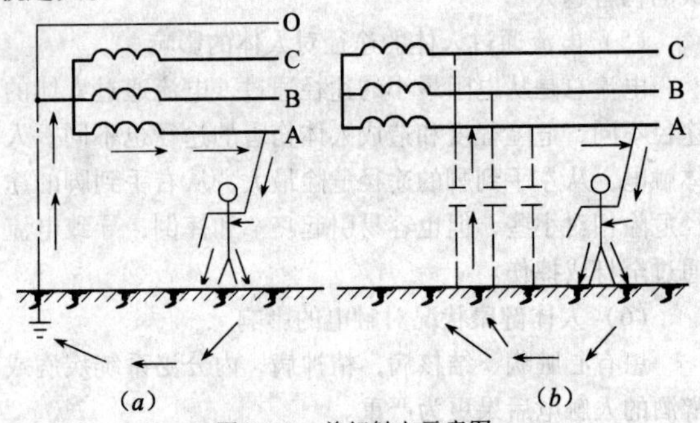

图 5-1-1　单相触电示意图

（a）中性点接地系统的触电；（b）中性点不接地系统的触电

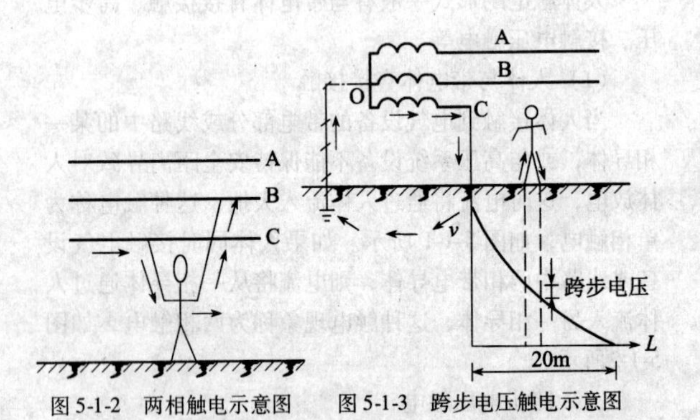

图 5-1-2　两相触电示意图　　图 5-1-3　跨步电压触电示意图

5.1.3　防止人身触电的技术措施

防止人身触电，第一是操作人思想上要高度重视，业务过硬，掌握电气理论和电气安全知识，严格遵守操作规程规定和采取有效的技术措施。

防止人身触电的技术措施有保护接地和保护接零，采用安全电压，装设漏电保护开关等。

（1）保护接地和保护接零

将电气设备不带电的金属外壳通过接地装置与大地相连接称为保护接地，如图 5-1-4 所示。

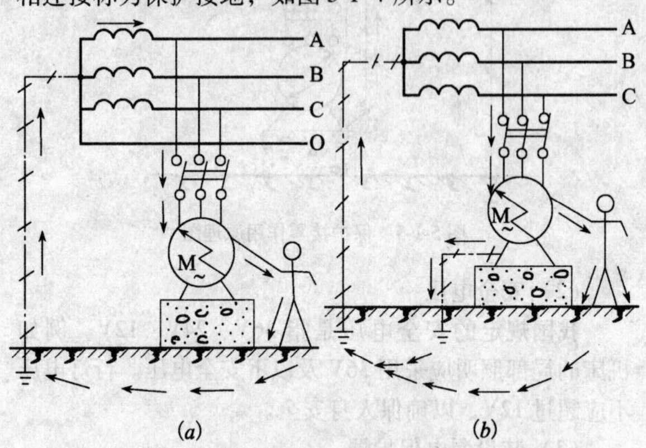

图 5-1-4　中性点直接接地系统保护接地原理图
（*a*）未装保护接地；（*b*）装设保护接地

采用保护接地后，当电气设备发生漏电时，不带电的金属外壳将带电，当人触及带电外壳时，由于人体电阻较保护接地电阻大很多（保护接地电阻规定不大于 4Ω），因此大部分电流通过接地体流入大地，仅有一小部分电流通过人体，这样大大减轻了人身触电危险。

保护接零是将电气设备不带电的金属外壳与变压器接零线直接相连，如图 5-1-5 所示。实施保护接零后，假如电气设备发生漏电，就会构成单相短路，短路电流很大，会使电源自动切断，以保护人不会发生触电。

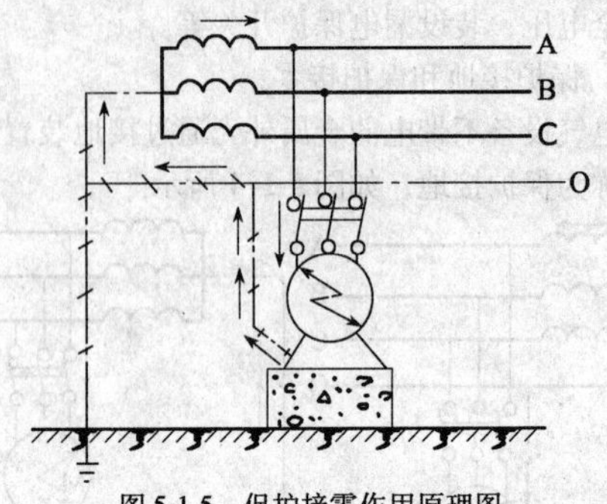

图 5-1-5　保护接零作用原理图

(2) 安全电压

我国规定的安全电压是指 36V、24V、12V。例如机床的局部照明应采用 36V 及以下安全电压。行灯电压不应超过 12V，以确保人身安全。

(3) 装设漏电保护器

漏电保护器（漏电开关）是防止人身触电的有效的保护装置。

漏电保护器按其工作原理可分为电压动作型和电流动作型两种，而目前大都采用电流动作型漏电保护器。

电流动作型漏电保护器由主开关、零序电流互感器、电压放大器、脱扣器等构成。

在正常情况下，主电路三相电流的相量和等于零。因此零序电流互感器的次级线圈没有信号输出，但当有漏电或发生触电时，主电流三相电流的相量和不等于零。此时零序电流互感器就有输出电压，此输出电压经放大后加在脱扣装置的动作线圈上，脱扣装置动作，将主开关断开，切断故障电流，达到触电保护的目的。如图 5-1-6 所示。

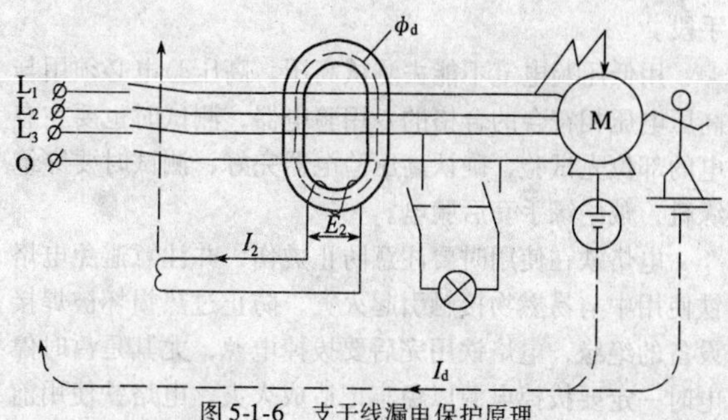

图 5-1-6　支干线漏电保护原理

装设了漏电保护器的系统，如系统发生严重漏电，单相接地短路或有人触电时，保护器应正确动作，若不动作或系统正常时却动作，说明漏电保护器本身有缺陷。此时，应及时检修，找出故障，予以排除。对已损坏的漏电保护器应予以更换。

5.2　电工常用工具的正确使用

电工常用工具一般指电工钳、电工刀、螺丝刀，还有验电笔、电烙铁、喷灯和梯子等。

常用工具的正确使用

电工钳、电工刀、螺丝刀等是电工基本工具。电工钳在低压系统具有绝缘作用，电工刀则不具备绝缘部分，使用时应注意防止发生触电和造成短路。

低压验电笔是电工必备工具，它是判断和查找故障的重要工具，验电笔必须完好，氖灯指示要经常检查灯泡的好坏，验电前应在确认有电的部位试验一下，确认验电笔是好的才能使用。一般低压验电笔只能验明70V以上的低压，对70V以下的电压则需采用其他检测手段。

用低压验电笔不能去测试高压。高压验电必须用与高压电压相符合的合格的专用验电器，测试时也要在有电的部位先试验，确认高压验电器完好，测试时要穿绝缘靴，戴绝缘手套后验电。

电烙铁在使用时要注意防止烫伤，并注意避免电烙铁使用中与易燃物接触引起火灾，防止过热损坏被焊接设备的绝缘，电烙铁用完后要拔掉电源，尤其是暂时停电时一定要拔掉电源以免忘记造成火灾。电烙铁使用前应检查有无漏电，已有损坏的电烙铁不能使用。

喷灯属于明火设备，使用喷灯时应特别注意防火，喷灯应远离易燃易爆物，喷灯火焰距带电体要保证安全距离，电压在10kV及以下者，不得小于1.5m，电压在10kV以上者不得小于3m。不得在带电导线、带电设备、变压器、油断路器附近将喷灯点火。喷灯用毕，应灭火泄压，待完全冷却后方可放入工具箱。

在户外变电所和高压室内搬动梯子、管子等长物，应两人放倒后进行搬运，并与带电部分保持足够的安全距离。工作时，梯子放置必须稳固，底部应有防滑措施；人字梯张开角度要合适，挂钩要扣好，不得两人或数人同时站在一个梯子上工作，在梯子上工作时，应备有工作袋，上下梯子时，工具不得拿在手里，工具不得上下抛递，还要注意防止落物伤人，采用相应保护措施。

5.3 施工现场安全要求

(1) 电气安装施工人员必须持证上岗，严格按操作规程进行施工，不得违章作业。

(2) 不得在高、低压线路下方施工，也不得在其下方搭设作业棚，建造临时设施及堆放物件、材料等。

(3) 移动式起重设备，建筑脚手架等外侧边缘与各级电压线路要保持足够的安全距离。见表5-3-1。

建筑设备、构架与电力线最小安全距离 表5-3-1

电压(kV)	建筑用设备、施工构架等与电力线距离(m)	电压(kV)	建筑用设备、施工构架等与电力线距离(m)
0.4	1	110	4
10	1.5	220	5
35	3		

(4) 移动式起重设备的转臂架及本体的任何部位或被吊物与10kV以下架空线路最下水平距离不得小于2m。

(5) 对达不到要求的，必须采取防护措施设置护栏、围栏、保护网等，并悬挂醒目的警示标志牌。

(6) 建筑施工临时用电的配线应符合下列要求：

1) 相对固定的应采用架空绝缘导线。

2) 移动式电器的电源线，应采用橡皮绝缘多股软铜芯电缆。

3) 绝缘导线的额定电压不低于500V，绝缘无破损。

(7) 施工现场配电箱、开关箱的设计原则，就是“三极配电、二级保护”和“一机、一箱、一闸、一漏”。现场临时用电系统分总配电箱、分配电箱和开关箱三个层次向用电设备输送电力，而每一台设备都应用专用开关箱，箱内应有隔离开关和漏电保护器，而总箱内还应设置总漏电保护器，形成每台用电设备至少有两道漏电保护装置。

(8) 施工现场用火，以及进行气焊、使用喷灯电炉等，均应有防火及防护措施。

(9) 施工现场临时供电线路的架设和电气设备的安装，应符合临时用电要求，所用导线应绝缘良好，电气设备的金属外壳应接地。户外配电盘、板及开关装置应有防雨措施。电动设备或电气照明全部拆除后，应拆除带电导线。如导线需保留，则应切断电源，将裸露部分包扎好，并将导线提高到距地2.5m以上的高度。

(10) 在施工方案中，对高空作业必须提出详细的安全措施。参加高空作业的人员应进行身体检查，患有精神病、癫痫病、高血压、心脏病、酒后以及患有不宜从事高空作业的人员，不准参加高空作业。高空作业必须拴好安全带。在六级以上大风、暴雨、打雷及大雾气候条件下，应停止露天高空作业。

(11) 雨期施工时，应对临时电源线路、配电箱、盘及电气设备，经常进行绝缘检查，绝缘不良者应立即进行检修或更换。

5.4 触电救护

人触电以后，往往会出现神经麻痹、呼吸中断、心脏停止跳动等症状，但这时实际上是处在假死状态。触电急救的要点是“及时、得法”。发现有人触电后，首先要尽快使其脱离电源，然后根据触电者的情况，迅速对其正确救护。现场常用的方法主要是心肺复苏法。包括口对口人工呼吸和胸外挤压法。

5.4.1 脱离电源

触电急救，首先要使触电者迅速脱离电源，因为电流作用的时间越长，伤害越重。在使触电者脱离电源时，救护人员也要注意自己的安全。脱离电源具体方法有以下几种：

（1）把触电者接触的那一部分带电设备的开关、刀闸或其他断路器断开，或设法将触电者与带电设备脱离。例如：用绝缘工具、干燥的木棒、木板、绳索等不导电的物体解脱触电者。

（2）触电者触及高压带电设备，救护人员应迅速切断电源或用适合该电压等级的绝缘工具，如戴绝缘手套、穿绝缘靴并用绝缘棒解脱触电者。救护人员在抢救过程中应注意保持自身与周围带电部分必要的安全距离。

（3）如触电者处于高处，触脱电源后会从高处坠落，因此要做好预防措施。

（4）如果触电者发生在架空线杆塔上，如系低压带电线路，若可能立即切断电源的，应迅速切断电源，或者由救护人员迅速登杆，系好自己的安全带后，用带绝缘胶柄的钢丝钳、干燥的不导电物体将触电者拉离电源；如系高压带电线路，又不可迅速切断电源开关的，可采用抛挂足够截面的适当长度的金属使其短路，使电源开关跳闸。抛掷短路线时，应注意防止电弧伤人或短路危及人员安全。无论是哪种电压等级的线路上触电，救护人员在使触电者脱离电源时都要防止发生高处坠落的可能，防止再次触及其他有电线路的可能。

5.4.2 脱离电源后的急救方法

（1）触电者脱离电源后如神态清醒，应使其就地躺平，严密观察，暂时不要站立或走动。

（2）触电者神态昏迷，应就地躺平，且保持气道畅通，用5s时间，呼叫触电者或轻拍其肩部，以判断触电者意识是否丧失。禁止摇动触电者头部呼叫。

（3）需要抢救的触电者，应立即就地坚持抢救，并迅速联系医疗部门接替救治。

5.4.3 心肺复苏法

（1）触电者呼吸和心跳均停止时，应立即按心肺复苏法正确进行就地抢救。

（2）通畅气道。触电呼吸停止时，重要的是保持气道畅通，可采用仰头抬颏的办法，如图5-4-1所示。用一只手放在触电者前额，另一只手的手指将其下颌骨向上抬起，两手协同将头部推向后仰，舌根随之抬起，气道即可畅通。禁止用枕头或其他物品垫放在伤员头下，这样会加重气道堵塞，且使胸外按压时流向脑部的血液减少甚至消失。

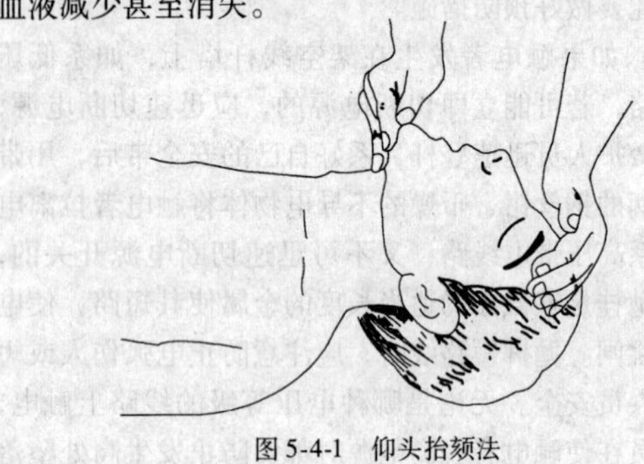

图5-4-1 仰头抬颏法

（3）口对口人工呼吸，如图 5-4-2 所示。在保持伤员气道畅通的同时，救护人员放在伤员额上的手指捏住伤员鼻子，救护人员深吸气后与伤员口对口紧合，在不漏气的情况下，先连续大口吹气两次，每次 1～1.5s。如两次吸气后测试动静脉仍无搏动，可判定心脏已停止，要立即同时进行胸外按压。正常口对口人工呼气的吹气量不需过大，以免引起肺膨胀。施行速度每分钟 12 次，儿童则为 20 次。吹气和放松时要注意伤员胸部应有起伏的呼吸动作，吹气时有较大的阻力可能是头部后仰不够，应及时更正。

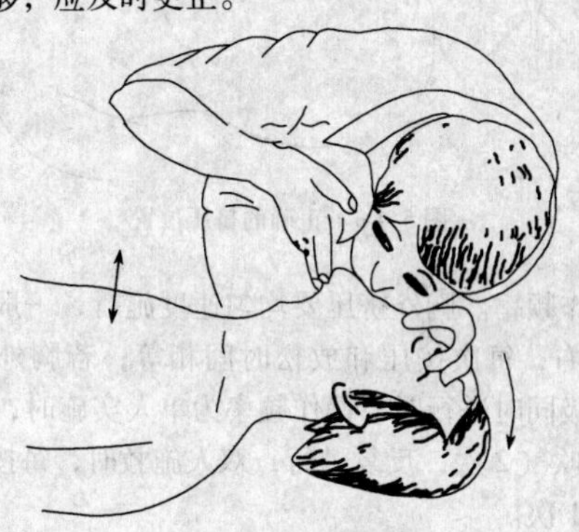

图 5-4-2　口对口人工呼吸

（4）胸外挤压。确定正确的挤压位置。将触电者仰卧，用右手的食指和中指沿右侧肋弓下缘向上，找到肋骨和胸骨接合处的中点，然后两手指并齐，将中指按在剑突位置，食指平放在胸骨下部，这时另一只手掌根要紧挨食指上缘，置于胸骨上，正确的挤压位置参考图 5-4-3 所示。

掌握正确的挤压姿势。救护人员跪或立于伤员的一侧肩旁，救护人员的两肩位于伤员胸骨正上方，两臂伸直，肘关节固定不屈，两手掌根相叠，手指翘起，使得不接触伤员胸壁。然后以髋关节为支点，利用上身重力，垂直将触电者（成人）胸骨压陷 3～5cm，当压至要求程度后应全部放松。

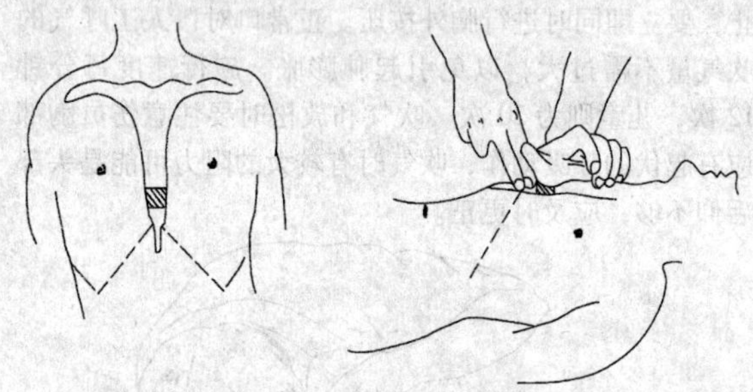

图 5-4-3　正确的挤压位置

操作频率。胸外挤压要均匀速度施行，一般 80 次/5min 左右，每次按压和放松时间相等；若胸外挤压与人工呼吸同时进行时，操作频率为单人实施时，每按压 15 次后吹气 2 次，反复进行，双人施救时，每按压 5 次再吹气 1 次。

触电急救不可滥用药物。现场急救中对采用肾上腺素等药物应持慎重态度，如没有必要的诊断设备条件和足够的把握，不得乱用。在医院抢救时，由医务人员经医疗仪器设备诊断，根据诊断结果决定是否采用。

5.5　电气防火与防爆

电气火灾和爆炸事故是指由于电气原因引起的火灾和爆炸事故。它在火灾和爆炸事故中占有很大比例。与其他火灾相比，电气火灾具有火灾火势凶猛、蔓延迅速、燃烧的电气设备或线路还可能带电、充油的电气设备可能随时会喷油或爆炸等特点。电气火灾和爆炸会引起停电损坏设备和人身触电等事故，对国家和人民生命财产会造成很大损失。因此，防止电气火灾和爆炸事故，以及掌握正确补救方法非常重要。

引起电气火灾和爆炸的原因很多，电气设备施工安装不符合安全技术要求或在使用中违反安全规程；选择电气设备、设计电气线路不正确；运行使用中发生线路短路、过负荷；在易燃易爆场所，碰到电火花、电弧；电灯、日光灯等照明器具或电热设备使用不当；导线连接处接触不良、发热太大等都可能引起电气火灾和爆炸。另外雷击、静电也会导致电气火灾或爆炸事故。

为了防止电气火灾和爆炸事故发生，首先应当按场所的危险等级正确地选择、安装、使用和维护电气设备及电气线路；电气设备与易燃易爆物应有足够的安全距离；明火设备及工作中可能产生高温高热的设备，如喷灯、电热器应与电气设备和易燃易爆物保持足够的安全距离；在易燃易爆场所，要选用防爆电器，尽量少用携带式电器，防止电火花引起爆炸或火灾，电气线路设计，导线截面应满足通电电流要求，要有足够的机械强度，接触要良好；要保持良好通风，使现场可燃易爆的气体、粉尘和纤维浓度降低到不致引起火灾和爆炸的限度内；对可能产生易燃易爆物质的生产设备、贮存容器、管道接头和阀门应严加密封，并经常巡视检测，防止可燃易爆物质泄漏；对电气设备绝缘要加强监督，防止绝缘老化损坏引起火灾，接地（接零）应可靠。

防止电气火灾和爆炸要坚决贯彻“预防为主”的原则。万一发生电气火灾时，要迅速采取正确有效的措施，及时扑灭电气火灾。

5.5.1 断电灭火

当电气设备发生火灾或引燃附近可燃物时，首先要切断电源；当室外高压线路或杆上配电变压器起火时，要及时打电话和供电部门联系拉断电源；当室内的电气装置发生火灾时，应尽快拉掉开关，切断电源，并及时用灭火器进行扑救。

断电灭火应注意：

（1）切断电源要用适当的绝缘工具，以防切断电源时触电。要严防慌乱而发生带负荷拉刀闸等误操作。

（2）切断电源的地点要选择适当，防止切断电源后影响扑救工作的进行；夜间灭火在切断电源时应考虑临时照明；需电力部门切断电源时，应迅速电话联系，请电力部门切断电源。

（3）剪断电源的位置应在电源方向有支持物的附近，防止电线剪断后掉落下来，造成接地短路和发生触电伤人，及引起跨步电压触电危险。

（4）在剪断电源时，火线和地线应在不同部位剪断，防止发生线路短路。

（5）如果线路上带有负载，应先切除负载，再切断现场电源。在拉掉闸刀开关切断电源时，应用绝缘操作棒或戴橡胶绝缘手套。

5.5.2 带电灭火

电气设备发生火灾时，在切断电源后扑救的危险性小，但是，有时在危急情况下，如等待切断电源后再进行扑救，就会失去时机，从而使火势蔓延，扩大燃烧面积，或者由于断电严重，影响生产。这时，为争取灭火的主动权，争取时间，迅速有效地控制火势，就必须在确保灭火人员安全的情况下，进行带电灭火。带电灭火一般在10kV及以下电气设备进行。

带电灭火必须要使用不导电的灭火剂。如1211灭火器、(二氟一氯一溴甲烷灭火器)、二氧化碳灭火器等，不得使用泡沫灭火器对带电设备灭火。

带电灭火应注意：

(1) 必须在确保人员安全的前提下进行，灭火现场要有秩序，不能混乱，对带电设备灭火时不得直接用导电的灭火剂（如喷射水流、泡沫灭火剂等）进行喷射，以防造成触电事故。

(2) 必须注意周围环境，防止身体、手、足或消防器材等碰到带电部分或与带电部分过于接近，以防造成触电事故。

(3) 在灭火中电气设备发生故障，如电线断落在地上，在地面会形成跨步电压。在这种情况下，扑救人员进行灭火时，必须穿上绝缘鞋。

(4) 使用水枪带电灭火时，扑救人员应穿绝缘靴，戴绝缘手套，并将水枪金属喷嘴接地。

5.5.3 充油设备的火灾扑救

充油电气设备容器外部着火时，可以有二氧化碳、1211等灭火器带电灭火，灭火时，要保持一定的安全距离。用四氯化碳灭火器灭火时，灭火人员应站在上风方向，以防中毒。

充油电气设备容器内部着火时，应立即切断电源，并将油放入事故贮油池，可用喷雾水枪等灭火器灭火。盛油桶着火，应用浸湿的棉被盖在桶上，使火熄灭。对流散在地上的油火，可用泡沫灭火器灭火。

5.5.4　旋转电机灭火

旋转电机着火时，必须注意，不能用黄砂、泥土、干粉灭火，以免矿物性物质落入设备内部，损伤电机绝缘。另外，火扑灭后，电机内部如果砂子未清除干净，则电机再使用运转时，会立即发热，烧坏电机，造成严重后果。可用二氧化碳、1211 等灭火器灭火。

6 工程量与材料计算

施工过程就是在建设工地范围内所进行的生产过程。其最终目的是要建造、恢复、改建、移动或拆除工业、民用建筑和构筑物的全部或一部分。

建筑安装工程与其他物质生产过程一样，也包括一般所说的生产力三要素，即劳动者、劳动工具、劳动对象。也就是说，施工过程是由不同工种、不同技术等级的工人完成的，并且必定有一定的劳动对象——建筑材料、半成品、配件、预制品及一定的劳动工具等。

6.1 计算前的准备工作

在计算工程量之前，必须做好准备工作，主要从三方面进行。

6.1.1 资料收集

(1) 施工图收集。包括文字说明、设计变更通知书和修改图纸、设计采用的标准图集和通用图集。

(2) 施工组织设计和施工方案。施工组织设计是确定施工内容、施工方法、工程进度、施工机械、技术措施、组织措施、质量标准和施工现场总平面的布置等内容的文件。

(3) 有关定额的规定。选用定额种类及计算规则。

(4) 有关施工合同及有关文件。

(5) 有关工具书等。

6.1.2 施工现场勘察

核实施工现场的水文地质资料、交通运输道路条件、地理环境、已建建筑情况。

6.1.3 熟悉施工图纸和预算定额工程量计算规定

图纸是工程量计算的依据之一，要认真仔细地阅读，要对图样进行审核，图样的相关尺寸是否正确，详图、说明、尺寸及其他符号是否正确，发现错误应及时纠正。

6.2 定额内容及工程量计算规则

6.2.1 变压器

《全国统一安装工程预算定额第2册电气设备安装工程》GYD—202—2000 第一章变压器包括油浸电力变压器安装、干式变压器安装，消弧线圈安装、电力变压器干燥、变压器油过滤等。

（1）变压器安装

1）油浸电力变压器安装、干式变压器安装，消弧线圈安装，按变压器、消弧线圈容量（kVA）以下划分额定子目以“台”为计量单位。

2）干式变压器如果带有保护罩时，定额中的人工费和机械费均乘以系数1.2。

3）油浸电力变压器的安装定额的工作内容包括器身检查，4000kVA以下变压器器身检查是按吊芯检查考虑的，如果4000kVA以上，额定中机械费乘以系数2.0。

（2）变压器干燥

1）电力变压器干燥按变压器容量（kVA）以下划分，以“台”为定额计算单位。

2）变压器的干燥要经过试验，判断受潮时需要进行干燥。

3）整流变压器、消弧线圈、并联电抗器、电炉变压器等干燥，执行同容量电力变压器干燥定额，其中电炉变压器干燥要乘以系数2.0。

（3）绝缘油过滤

1）绝缘油过滤以“t”为定额计量单位。

2）变压器油是按购买设备考虑的，在施工中变压器油的过滤损耗和操作损耗已包括在定额中。

3）变压器油过滤，不论过滤次数直到合格为止。

计算公式如下：

$$油过滤量 = 设备油重 \times (1 + 损耗率) \quad (6\text{-}2\text{-}1)$$

6.2.2 配电装置

（1）高压开关装置

1）各种断路器、隔离开关、负荷开关、互感器、熔断器、避雷器、电力电容器的安装定额，均是在这些电气装置单独安装时使用，如果是成套配电柜，则不再执行这些电器装置的安装定额。

2）配电装置中，可以单独安装的设备，均以“台（个）”为计量单位，如断路器、油浸电抗器、电力电容器的安装定额。

3）熔断器、避雷器、干式电抗器是以“组”为单位，因为其必须三相同时安装。

4）绝缘油、六氟化硫气体、液压油等均按设备带有考虑。

（2）成套配电柜

1）高压成套配电柜安装定额是综合考虑的，不分容量大小，以“台”计算。

2）高压成套配电柜，定额按配电柜内所安装的设备划分的子目，分为断路器柜、互感器柜、电容器柜、其他柜和母线桥。

3）组合型成套箱式变安装定额，分为带高压开关柜和不带高压开关柜两类，按容量划分定额子目。

4）高压设备定额均不包括基础型钢安装设备支架、抱箍、延长轴、间隔板等。

（3）母线及绝缘子

1）支持绝缘子安装分别安装在户内、户外单孔、双孔、四孔，以“个”为计量单位。

2）软母线安装，按母线截面大小分别以“跨/三相”为计量单位。

3）软母线引下线，以组为计量单位，每三相为一组。

4）两跨软母线间的跳引线安装，以“组”为计量单位，每三相为一组。不论两端的耐张线夹是螺栓式或压接式，均执行软母线跳线定额。

5）组合软母线安装，按三相为一组计算，跨距以45m以内考虑，不得调整。

6）带形母线安装及带形母线引下线安装包括铜排、铝排，分别以不同截面和片数以“m/单相”为计量单位。母线和固定母线的金具另按设计加损耗率计算。

7）带形钢母线安装，按同规格的铜母线定额执行，不得换算。

8）母线伸缩头以“个”为计量单位，铜过渡板安装以“块”为计量单位。

9）槽式母线安装以“m/单相”为计量单位。壳的大小尺寸以“m”为计量单位，长度按设计母线的轴线长度计算。

10）封闭式插接母线在竖井内安装时，人工和机械乘以系数2.0。

11）硬母线的终端引下线与设备连接位置也要增加预留长度，硬母线配置安装预留长度按表6-2-1计算。

硬母线配置安装预留长度（m/根） 表6-2-1

序号	项目	预留长度	说明
(1)	带形、槽形母线终端	0.3	从最后一个支持点算起
(2)	带形、槽形母线与分支线连接	0.5	分支线预留
(3)	带形母线与设备连接	0.5	从设备端子接口算起
(4)	多片重型母线与设备连接	1.0	从设备端子接口算起
(5)	槽形母线与设备连接	0.5	从设备端子接口算起

（4）控制设备及低压电器

1）控制设备及低压电器安装均以“台”为计量单位。以上设备安装均未包括基础槽钢、角钢制作安装。

2）铁构件制作安装均按施工图设计尺寸，以“kg”为计量单位。

3）网门、保护网制作安装，按网门或保护网设计图示尺寸，以“m^2”为计量单位。

4）盘柜配线按不同规格，以“m”为计量单位。

5）配电板制作及包铁皮，按配电板图示尺寸以“m^2”为计量单位。

6）焊压接线端子定额只适用于导线，电缆的端子已含在终端头制作中不能重复计算。

(5) 电缆

1) 直埋电缆的挖填土（石）方，除有特殊要求外，可按表6-2-2计算土方量。

直埋电缆的挖、填土（石）土方量（m^3）　　表6-2-2

项　目	电缆根数	
	1~2	每增1根
每米沟长挖方量	0.45	0.153

注：1. 两根以内的电缆沟，系按上口宽度600mm、下口宽度400mm、深度900mm计算的常规土方量（深度按规范的最低标准）。
2. 每增加一根电缆，其宽度增加170mm。
3. 以上土方量按埋深从自然地坪起算，如设计埋深超过900mm时，多挖的土方量应另行计算。

2) 电缆沟盖板揭、盖定额，按每揭或每盖一次以延长米计算，如又揭又盖，则按两次计算。

3) 电缆保护管敷设定额，按管径及材质划分定额子目，以10m为计量单位。

4) 直径100mm以下的钢保护管敷设，执行定额配管配线的有关规定。

5) 顶管施工使用直径100mm钢管，定额按长度分为10m以下、20m以下，以“根”为计量单位。

6) 电缆保护管长度，除按设计规定长度计算外，遇下列情况，应按以下规定增加保护管长度。

① 横穿道路，按路基宽度两端各增加2m。

② 垂直敷设时，管口距地面以上增加2m。

③ 穿建筑物外墙，按基础外缘以外增加1m。

④ 穿越排水沟时，按沟壁外缘以外增加1m。

7）电缆敷设按单根以延长米计算，一个沟内敷设2根各长100m的电缆，应按200m计算，以此类推。

8）电缆敷设长度应根据敷设路径的水平和垂直长度，按表6-2-3增加附加长度。

电缆敷设的附加长度　　表6-2-3

序号	项　目	预留长度（附加）	说　明
1	电缆敷设弛度、波形弯度、交叉	2.5%	按电缆全长计算
2	电缆进入建筑物	2.0m	规范规定最小值
3	电缆进入沟内或吊架时引上（下）预留	1.5m	规范规定最小值
4	变电所进线、出线	1.5m	规范规定最小值
5	电力电缆终端头	1.5m	检修余量最小值

9）电缆终端头及中间头均以“个”为计量单位。电力电缆和控制电缆按一根电缆两个终端头考虑。

10）桥架安装以“m”为计量单位。

6.2.3　架空配电线路

（1）工地运输是指定额内未计算材料，从集中材料堆放点或工地仓库运至位上的工程运输，分人力运输和汽车运输，以“t·km”为计量单位。

运输量计算公式如下：

工程运输量＝施工图用量×(1＋损耗率)

预算运输重量＝工程运输量＋包装物重量（不需要包装的可不计算包装物重量）

主要材料运输量可按表6-2-4规定进行计算。

运输重量表　　　　表6-2-4

材料名称	单位	运输重量	备注
混凝土名称（人工浇制）	m^3	2600	包括钢筋
混凝土名称（离心浇制）	m^3	2860	包括钢筋
线材（导线）	kg	$W\times1.15$	有线盘
线材（钢绞线）	kg	$W\times1.07$	无线盘
木杆材料	m^3	500	包括木横担
金属、绝缘子	kg	$W\times1.07$	
螺栓	kg	$W\times1.01$	

注：1. W为理论重量。
2. 未列入者均按净重计算。

（2）组立电杆。

1）无底盘、卡盘的电杆坑，其挖土体积（m^3）：

$$V=0.8\times0.8h \tag{6-2-2}$$

式中　h——坑深(m)。

2）电杆坑的马道土、石方量按每坑$0.2m^3$计算。

3）施工操作裕度按底、拉盘的底宽，每边增加0.1m计算。

各类土质的放坡系数按表6-2-5计算。

各类土质的放坡系数　　　表6-2-5

各类土质	普通土、水坑	坚土	松砂石	泥水、流砂、岩石
放坡系数	1 : 0.3	1 : 0.25	1 : 0.2	不放坡

4）冻土厚度大于300mm时，冻土层的挖方量按坚土定额乘以系数2.5计算。其他土层仍按土质性质执行

定额。

5）杆坑土质按一个坑的主要土质而定，如果一个坑大部分为普通土，少量为坚土，则该坑应全部按普通土计算。

6）底盘、卡盘、拉线盘按设计用量，以“块”为定额计量单位。

7）塔杆组立，分别以杆塔形式和高度按设计数量以“根”为计量单位。

8）拉线制作按施工图设计规定，分不同形式和截面，以“根”为计量单位，定额按单根拉线考虑，若安装V形、Y形或双拼拉线时，按2根计算。拉线长度按设计长度计算，设计无规定时可按表6-2-6计算。

拉线长度（m/根）　　表6-2-6

项目		普通拉线	V（Y）形拉线	弓形拉线
杆高（m）	8	11.47	22.94	9.33
	9	12.61	25.22	10.10
	10	13.74	27.48	10.92
	11	15.10	30.20	11.82
	12	16.14	32.28	12.62
	13	18.69	37.38	13.42
	14	19.68	39.36	15.12
水平拉线		26.47		

9）导线架设，分导线类型和不同截面以“km/单线”为计量单位计算。导线预留长度按表6-2-7规定计算。

导线预留长度（m/根）　表 6-2-7

项目名称		长度
高压	转角	2.5
	分支、终端	2.0
低压	分支、终端	0.5
	交叉跳线转角	1.5
与设备连线		0.5
进户线		2.5

10）导线跨越架设，包括跨越线架的搭、拆和运输以及因跨越（障碍）施工难度增加而增加的工作量。以“处”为定额计量单位。

11）每个跨越间距按 50m 以内考虑，大于 50m 而小于 100m 时按 2 处计算，以此类推。

6.2.4　防雷及接地装置

（1）接地极制作安装以“根”为计量单位，其长度按设计规定计算，设计无规定时，每根长度按 2.5m 计算。若设计有管帽时，管帽按另外加工计算。

（2）接地母线敷设，按设计长度以“m”为计量单位。接地母线、避雷线敷设，均按延长米计算，其长度按施工图设计水平和垂直规定长度另加 3.9% 的附加长度计算。计算主材费时需另增加规定的损耗率。

（3）接地跨接线以“处”为计算单位，按规程规定凡需作接地跨接线的工作内容，每跨接一次按一处计算，户外配电装置的金属构架均需接地，每副构架按“一处”计算。

（4）避雷针的加工制作、安装，以“根”为计量单位，独立避雷针安装以“基”为计算单位。长度、高度、数量均按设计规定。独立避雷针的加工制作应执行“一般铁构件”制作项目或按成品计算。

(5) 半导体少长针消雷装置安装定额以“套”为计量单位，按设计安装高度分别执行相应子目。装置本身由设备制造厂成套供货。

(6) 利用建筑物柱内主筋作避雷引下线，利用圈梁钢筋作均压环，每个交叉点都要焊，算1（处）。定额按每根柱内2根主筋考虑。

(7) 断接卡子制作安装以“套”为计算单位，按设计规定装设的断接卡子数量计算，接地检查井内的断接卡子安装按每井一套计算。

(8) 避雷网安装定额，分为沿混凝土块敷设、沿折板支架敷设，以“10m”为定额计量单位，另需计算主材费。

(9) 钢、铝窗接地以“处”为计量单位，按设计规定接地的金属窗数进行计算。

6.2.5 配管配线工程

(1) 配管

1) 配管定额按管材分为电线管、钢管、防暴钢管、塑料管、可绕金属管、金属软管等敷设定额，按建筑结构形式和敷设位置分为砖混结构明配、砖混结构暗配、钢模板暗配、吊顶内敷设、钢结构支架配管、钢管配管。每种配管方式按导管直径（mm以内）划分定额子目，以“100mm”为定额计量单位。

2) 配管定额均不含主材，要按定额项目表中的定额主材含量计算主材用量。

3) 计算配管长度时，以“延长米”为计算单位，不扣除接线箱（盒）、灯头盒、开关盒所占长度。

(2) 管内穿线

1) 管内穿线定额分为照明线路、动力线路、多芯软导管定额。照明线路和动力线路按线芯材质分铝芯和铜芯，按导线截面（mm^2 以内）划分定额子目。

2）照明线路最大截面为 $4mm^2$，超过 $4mm^2$，则执行动力穿线定额子目。

3）穿线定额均不含主材，按定额项目表中的含量计算主材用量。线路分支、接头线的长度已综合考虑在定额中，不得另计。

（3）其他配线定额

1）瓷夹板配线分为木结构、砖混结构、砖混结构粘结三种结构安装，有两线夹板和三线夹板，按导线截面（mm^2 以内）划分定额子目，以“100 米线路”为定额计量单位。

2）塑料夹板配线分为木结构和砖混结构粘结，有两线夹板和三线夹板，按导线截面（mm^2 以内）划分定额子目，以“100 米线路”为定额计量单位。

3）鼓形绝缘子配线分为木结构、砖混结构、棚内、沿钢支架和钢索，按导线截面（mm^2 以内）划分定额子目，以“100 米线路”为定额计量单位。

4）针式绝缘子配线分为沿屋架、梁、柱、墙，跨屋架、梁、柱，按导线截面（mm^2 以内）划分定额子目，以“100 米线路”为定额计量单位。

5）蝶式绝缘子配线分为沿屋架、梁、柱，墙，跨屋架、梁、柱，按导线截面（mm^2 以内）划分定额子目。

6）槽板配线，应区别槽板材质（木质、塑料）、安装位置（木结构、砖、混凝土）、导线截面、线式（二线、三线），以线路延长米为定额计算单位。

7）塑料护套线明敷设工程，应区别导线截面、导线芯数（二芯、三芯）、敷设位置（木结构、砖混结构、沿钢索），以单根线路“延长米”为计量单位。

8）钢索架设工程量，应区别圆钢、钢索直径，按图示尺寸以“延长米”为计量单位，不扣除拉紧装置所占长度。

9）母线拉线装置及钢索拉紧装置的工程量应区别母线截面、花篮螺栓直径以“套”为计量单位计算。

10）车间带形母线安装分屋架、梁、柱、墙和跨屋架、梁、柱，按铝母线、钢母线（mm^2 以内）划分定额子目。

11）动力配管混凝土地面刨沟工程量，应区别管子直径，以“延长米”为计量单位计算。

12）接线箱安装工程量，应区别安装形式（明装、暗装），接线箱半周长，以“个”为计算单位。

13）接线盒安装，应区别安装形式（明装、暗装、钢索上），以及接线盒类型，以“个”为计算单位。

14）灯具、明、暗开关、插座、按钮等的预留线，已分别综合在相应子目中，不另行计算。配线进开关箱、柜、板的预留线，按表6-2-8规定长度，分别计入相应工程量。

配线进入开关箱、柜、板的预留线（每1根线）　　表6-2-8

序号	项　目	预留长度	说　明
1	各种开关、柜、板	宽+高	盘面尺寸
2	单独安装（无箱、盘）的铁壳开关、闸刀开关、启动器、线槽进出线盒等	0.3m	从安装对象中心算起
3	由地面管子出口至动力接线箱	1.0m	从管口计算

续表

序号	项　目	预留长度	说　明
4	电源与管内导线连接（管内穿线与软、硬母线接点）	1.5m	从管口计算
5	出户线	1.5m	从管口计算

6.2.6　照明器具安装

（1）普通灯具安装，应区别灯具的种类、型号、规格以“套”为计算单位。普通灯具安装定额适用范围见表6-2-9。

普通灯具安装定额适用范围 表6-2-9

项目名称	灯具种类
圆形吸顶灯	材质为玻璃的螺口、卡口圆球独立吸顶灯
半圆形吸顶灯	材质为玻璃的独立的半圆形吸顶灯、尖扁圆罩吸顶灯、扁圆罩吸顶灯
方形吸顶灯	材质为玻璃的独立的矩形吸顶灯、方形罩吸顶灯、大口方罩吸顶灯
软线吊灯	利用软线为垂吊材料、独立的，材质为玻璃、塑料、搪瓷，形状如碗、伞、平盘灯罩组成的各式软线吊灯
吊链灯	利用吊链作辅助悬吊材料、独立的，材质为玻璃、塑料罩的各式吊链灯
防水吊灯	一般防水吊灯
一般弯脖灯	圆球弯脖灯、风雨壁灯
一般墙壁灯	各种材质的一般壁灯、镜前灯
软线吊灯头	一般吊灯头
声光控座灯头	一般声控、光控座灯头
座灯头	一般塑胶、瓷质座灯头

(2) 吊式吸顶灯、艺术装饰灯具以及灯具安装，应根据装饰灯具示意图集所示，区别不同装饰灯具的直径和灯体垂吊长度，以“套”为计量单位。

(3) 荧光艺术装饰灯具安装，应根据装饰灯具示意图所示，区别不同安装形式和计算单位。

1) 组合荧光灯带安装，应根据装饰灯具示意图集所示，区别不同安装形式、灯管数量，以“延长米”为计量单位。

2) 内藏组合式灯安装，应根据装饰灯具示意图集所示，区别灯具组合形式，以“延长米”为计量单位。

3) 发光棚安装，应根据装饰灯具示意图集所示，以“m^2”为计量单位。

4) 立体广告灯箱、荧光灯光沿安装，应根据装饰灯具示意图集所示，以“延长米”为计量单位。

(4) 几何形状组合艺术灯具安装，应根据装饰灯具示意图集所示，区别不同安装形式及灯具的不同形式，以“套”为计量单位。

(5) 标志灯具安装以安装形式（吸顶式、吊杆式、墙壁式和嵌入式）划分定额子目，以“套”为计量单位。

(6) 水下灯具有彩灯、喷水池灯和幻光型灯安装子目，以“套”为计量单位。

(7) 点光源有吸顶灯式、嵌入式按灯具直径划分定额子目，以“套”为计量单位。

(8) 草坪灯有立柱式和墙壁式定额子目，以“套”为计量单位。

(9) 歌舞厅灯按不同的灯具形式，分别以“套”、“延长米”、“台”为计量单位。

(10) 荧光灯具安装。荧光灯具安装分为组装型和成套型灯具，安装方式有吊链式、吊管式和吸顶式，按灯具内灯管数量，以“套”为计量单位。

(11) 工厂灯具安装。工厂灯具的类型有工厂罩灯，防水防尘灯、碘钨灯、投光灯、混光灯、密闭防爆灯，按灯具类型和安装方式划分定额子目，以“套”为计量单位。

(12) 医院灯具安装按灯具类型有病房指示灯、病房暗脚灯、紫外线杀菌灯和无影灯划分子目，以“套”为计量单位。

(13) 路灯安装中大马路弯灯按臂长划分定额子目，庭院路灯按灯头数量划分定额子目，以“套”为计量单位。

(14) 开关、插座、按钮安装。

1) 开关安装分为拉线开关、板把开关明装、板把开关暗装（单控、双控）、一般按钮和密闭开关，暗开关按“联”划分定额子目，以“套”为计量单位。

2) 插座安装分为单相明插座15A、30A、单相暗插座15A、30A，按插座安装孔个数，以“套”为计量单位。

(15) 安全变压器、电铃、风扇安装。

1) 安全变压器按容量“V·A”划分子目，以“台”为计量单位。

2) 电铃按直径划分子目，电铃号牌箱以号数划分子目，以“套”为计量单位。门铃分明装和暗装，以“个”为计量单位。

3) 风扇按类型有吊风扇、壁扇、轴流排气扇子目，以“台”为计量单位。

(16) 风机盘管三速开关、请勿打扰灯、刮须插座安装，以“套”为计量单位。

6.2.7 蓄电池安装

(1) 铅酸蓄电池和碱性蓄电池安装，分别按容量大小以单体蓄电池以“个”为计量单位，定额内已包括了电解液的材料消耗。

(2) 免维护蓄电池安装以“组件”为计量单位。

(3) 蓄电池放电按不同容量以“组”为计量单位。

6.2.8 电梯电气装置

(1) 交流手柄操纵或按钮控制（半自动）电梯电气安装，应区别电梯层数、站数，以“部”为计量单位。

(2) 交流信号或集选控制（自动）电梯电气安装，应区别电梯层数、站数，以“部”为计量单位。

(3) 直流信号或集选控制（自动）快速电梯电气安装，应区别电梯层数、站数，以“部”为计量单位。

(4) 直流集选控制（自动）高速电梯电气安装，应区别电梯层数、站数，以“部”为计量单位。

(5) 小型杂物电梯电气安装，应区别电梯层数、站数，以“部”为计量单位。

(6) 电厂专用电梯电气安装，应区别配合锅炉容量，以“部”为计量单位。

(7) 电梯增减厅门、自动轿厢门及提升高度工作量，应区别电梯形式，增加自动轿厢门数量、增加提升高度，分别以“个”、“延长米”为计量单位。

6.3 弱电工程定额

6.3.1 消防系统

(1) 消防控制设备

1) 报警控制器分为报警控制器、联动控制器和报

警联动一体机，接线方式有多线制和总线制

2）报警控制器的安装方式有挂壁式和落地式，以成套装置编制。

3）报警控制器安装，按点划分子目，以“台”为计量单位。

4）这里的“点”是指报警器所接设备的地址个数，而不是指设备的个数。

（2）探测器安装

1）点型探测器安装，按探测器原理划分子目，以“只”为计量单位。其中红外光束式点型探测器由发射与接收两部分组成，以“对”为计量单位。

2）线型探测器安装，以“m”为计量单位。

（3）其他报警装置安装

1）总线制重复显示器安装，以“台”为计量单位。

2）远程控制器安装，按控制回路划分子目，以“台”为计量单位。

3）模块（接口）安装，分为控制模块和报警模块，控制模块又有单输出和多输出。以“只”为计量单位。

4）报警按钮安装，以“只”为计量单位。

5）消防端子箱、模块箱体安装，以“台”为计量单位。

（4）火灾事故广播安装

火灾事故广播安装包括各种广播设备器材安装，如：功放、录音机、控制柜、吸顶式扬声器、壁挂式音箱、广播分配器等，以“台”、“只”为计量单位。

（5）消防通信报警设备电源安装

1）电话交换机安装，按“门”数划分子目，以“台”为计量单位。通信接口分电话分机安装和电话插孔安装，以部、个为计量单位。

2）消防电源安装，以“台”为计量单位。

6.3.2　消防系统调试

（1）自动报警系统装置调试，按系统探测器数量（点以下）划分子目，以“系统”为计量单位。

（2）水灭火系统电气控制装置调试，按控制器数量（点以下）划分子目，以“系统”为计量单位。

（3）火灾事故广播、消防通信调试，按广播喇叭及音箱只数，通信分机及插孔个数划分子目，以“只”、“个”为计量单位。

（4）消防电梯调试，以“部”为计量单位。

（5）电动防火门、卷帘门、正向送风阀、排风阀、防火阀控制系统装置调试，以设备台数为计量单位。

6.4　综合布线系统

6.4.1　综合布线系统工程量计算

（1）双绞线、光缆、泄漏电缆、同轴电缆、电话线和广播线敷设，以“m”为计量单位。

（2）制作跳线以“条”计算；卡接双绞线缆以“对”计算；跳线架、配线架安装以“条”计算。

（3）安装各类信息插座，过线盒、信息插座底盒、光缆终端盒和跳线按连接方法以“条”计算。

（4）双绞线缆测试，以“链路”或“信息点”计算，光纤测试以“链路”和“芯”计算。

（5）光纤连接以“芯”计算。

（6）布放尾纤以“根”计算。

（7）室外架设空光缆以“m”计算。

（8）光缆连接以“头”计算。

(9) 制作光缆成端接头以“套”计算。

(10) 安装泄漏同轴电缆接头以“个”计算。

(11) 成套电话组线箱、机柜、机架、抗震底座安装以“台”计算。

(12) 电话出线口、中途箱、电话电缆架空引入装置以“个”计算。

6.4.2 通信系统设备安装工程量计算

(1) 铁塔架设，以“t”计算。

(2) 天线安装、调试，以“副”(天线加边加罩以“面”)计算。

(3) 馈线安装、调试，以“条”计算。

(4) 微波无线接入系统基站设备、用户站设备安装、调试，以“台”计算。

(5) 微波无线接入系统联调，以“站”计算。

(6) 卫星通信甚小口径地面站(TSAT)中心站设备安装、调试，以“台”计算。

(7) 卫星通信甚小口径地面站(TSAT)、端站设备安装、调试，中心站站内环测及全网系统对测，以“站”计算。

(8) 移动通信反馈系统中安装、调试、直放站设备、基站系统调试以及全系统联网调试，以“站”计算。

(9) 光纤数字传输设备安装、调试以“端”计算。

(10) 程控交换机安装、调试，以“部”计算。

(11) 程控交换机中继线调试以“路”计算。

(12) 会议电话、电视系统设备安装、调试，以“台”计算。

(13) 会议电话、电视系统联网调试，以“系统”计算。

6.4.3 计算机网络系统设备安装工程量计算

（1）计算机网络终端和附属设备安装，以“台”计算。

（2）网络系统设备、软件安装、调试，以“套”计算。

（3）局域网交换机系统功能调试，以“个”计算。

（4）网络调试、系统试运行、验收测试，以“系统”计算。

6.4.4 建筑设备监控系统安装工程量计算

（1）基表及控制设备、第三方设备通信接口安装、超表采集系统安装与调试，以“个”计算。

（2）中心管理系统调试、控制网络通信设备安装、控制器安装、流量计安装与调试，以“台”计算。

（3）楼宇自控中央管理系统安装、调试，以“系统”计算。

（4）楼宇自控用户软件安装、调试，以“套”计算。

（5）温（湿）度传感器、压力传感器、电量变送器和其他传感器及变送器，以“支”计算。

（6）阀门及电动执行机构安装、调试，以“个”计算。

6.4.5 有线电视系统设备安装工程量计算

（1）电视公用天线安装、调试，以“副”计算。

（2）敷设天线电缆，以“m”计算。

（3）制作天线电缆接头，以“头”计算。

（4）电视墙安装、前端射频设备安装、调试，以“套”计算。

（5）卫星地面接收设备、光端设备、有线电视系统管理设备、播控设备安装、调试，以“台”计算。

（6）干线设备、分配网络安装、调试，以“个”计算。

6.4.6 扩声、背景音乐系统设备工程量计算

（1）扩声系统设备安装、调试，以“台”计算。

(2) 扩声系统设备试运行，以“系统”计算。

(3) 背景音乐设备安装、调试，以“台”计算。

(4) 背景音乐系统设备联调试运行，以“系统”计算。

6.4.7 电源与电子设备防雷接地装置安装工程量计算

(1) 太阳能电池方阵铁甲架安装，以“m^2”计算。

(2) 太阳能电池、柴油发电机安装，以“组”计算。

(3) 柴油发电机组体外排气系统、柴油箱、机油箱安装，以“套”计算。

(4) 开关电源安装、调试、整流器、其他配电设备安装，以“套”计算。

(5) 天线铁塔防雷接地装置，以“处”计算。

(6) 电子设备防雷接地装置，接地模块安装，以“个”计算。

(7) 电源避雷安装，以“台”计算。

6.4.8 停车场管理设备安装工程量计算

(1) 车辆检测识别设备、出入口设备、显示和信导设备、监控管理中心设备安装、调试，以“套”计算。

(2) 分系统调试和全系统联调，以“系统”计算。

6.4.9 楼宇安全防范系统设备安装工程量计算

(1) 入侵报警器（室内外、周界）设备安装工程，以“套”计算。

(2) 出入口控制设备安装，以“台”计算。

(3) 电视监控设备安装，以“台”（显示装置以m^2）计算。

(4) 分系统调试、系统集成调试，以“系统”

计算。

6.4.10 住宅小区智能化设备安装工程量计算

（1）住宅小区智能化设备安装工程，以“台”计算。

（2）住宅小区智能化设备系统调试，以“套”(管理中心调试以“系统”）计算。

（3）小区智能化系统试运行、调试，以“系统”计算。

6.5 工程量计算方法

6.5.1 概述

（1）划分工程项目

划分工程项目必须和定额规定的项目一致，不能重复列项计算，也不能漏项少算。例如，木制配电箱的制作，定额只包含木制箱本身，而箱内的配电板制作和配电板上的电气元件的安装，需单独列项计算。

（2）计算工程量

1）计算工程量时必须按照定额规定的工程量计算规定进行计算，该扣除的部分要扣除，不应扣除的部分不能扣除。例如，电气配管的工程量，定额中规定不扣除管路中的接线箱（盒)、灯头盒、插座盒、开关盒所占长度等。

2）计算工程量时，工程量的单位要与定额单位一致。如，管内穿线的工程量定额单位是100m，计算工程量时必须和定额单位化为一致的单位。例如，100m电线管的工程量的定额量应该是1，计算工程量时必须准确无误。

3）整理工程项目和工程量。当按照工程项目将工程量全部计算完以后，要对工程项目和工程量进行整理，即合并同类项和按序排列，套用适当的定额子目，计算直接费等。

① 合并同类项。合并同类项即将套用相同定额子目的工程量合并在一起，变成一个项目。

② 按序排列。按序排列即按照定额编排序列工程项目。首先按定额分布工程分类，然后再按定额编号顺序，以便填写工程预算表。

6.5.2 工程量计算

工程量计算的基本要求。计算工程量时应严格遵循下列各项基本要求：

（1）应严格按工程量计算规则进行计算。

（2）要按一定的顺序进行计算，计算过的工程项目应做出标记。

（3）线路各端长度的计算均应以符号的中心为准，力求计算准确，禁止估算。

6.5.3 材料计算

（1）材料计算编制的依据

1）施工图及说明书。施工图必须经过建设单位、设计单位和施工单位共同会审，并且还需要有会审纪要。如有设计更改，必须有设计更改图或设计更改通知。

2）工程施工图预算。施工图预算中大部分工程量数据可供计算材料和工作量借用。

3）施工组织设计或施工方案。施工组织设计或施工方案中确定的施工方案、施工顺序、施工机械、技术组织措施、现场平面布置等内容，都是计算材料和工作量的重要依据。

4）现行的定额。一般包括现行的施工定额或劳动定额、材料消耗定额和机械台班使用定额。

5）实际勘测和测量资料。要仔细收集实际勘测和测量所获得的资料。

6）设备材料手册及预算手册。借助设备材料手册和预算手册可以加速工料的计算。

(2) 材料的计算方法

1）主材计算。主材的计算可以按施工图预算中已统计的工程量，加上定额规定的损耗量便可以算出。

2）辅助材料计算

① 在施工图预算的材料需用量分析表中，参照劳动定额所列的分项工程，将对应的定额编号、工程量单位和数量，逐项填入材料分析表中相应的栏目中。

② 将所需辅助材料的名称填入分析表中相应的栏目中。

③ 将工程量乘以参照预算定额所给出的辅助材料用量，便可得出该分项工程辅助材料用量。

【例】 某工程新做接地装置，接地极采用 ϕ50mm 镀锌钢管共 4 根，接地极埋深为 0.75m，距建筑外墙为 3.4m，电源进户线室外标高 4.20m，试计算主材用量。

【解】 本例所需要的主要材料，主要有 ϕ50mm 镀锌钢管、-40mm×4mm 镀锌扁钢可以按施工图预算中已统计的工程量，加上定额规定的损耗量便可以算出。

① ϕ50mm 镀锌钢管的计算

ϕ50mm 镀锌钢管 = 钢管总长 ×（1 + 损耗率）

$$=2.5\times4\times(1+3\%)$$

$$=10\times1.03=10.3\text{m}$$

② -40mm×4mm 镀锌扁钢

-40mm×4mm 镀锌扁钢包括两部分，一个是接地

母线，一个是引下线

a. 接地母线部分主材

-40mm×4mm 镀锌扁钢 = 接地线长度 ×（1 + 损耗率）= 20 ×（1 + 5%）= 21m

换算成重量 = 21 × 1.26 = 26.5kg

b. 引下线部分主材

-40mm×4mm 镀锌扁钢 = 引下线的长度 ×（1 + 损耗率）= 4.36 ×（1 + 5%）= 4.58m

换算成重量 = 4.58 × 1.26

= 5.8kg 户外接地母线敷设

故 -40mm×4mm 镀锌扁钢共计 32.3kg。

③ 将所有材料汇总，见表 6-5-1。

材料计算统计表　　　表 6-5-1

材料名称	单位	数量	材料名称	单位	数量
φ50mm×2500mm 镀锌钢管	m	10.3	清油	kg	0.004
-40mm×4mm 镀锌扁钢	kg	32.3	镀锌扁钢 -60mm×6mm	kg	3.66
棉纱	kg	0.004	钢管 φ40mm ×400mm	根	0.44
调和漆	kg	0.09	锯条	根	8.94
防锈漆	kg	0.02	电焊条 E4303φ3.2mm	kg	1.29
沥青清漆	kg	0.1	电焊条 E4303φ4mm	kg	0.16
厚漆	kg	0.1	镀锌精制带母螺栓 M16×100mm 以内	10 套	0.66

（3）编制材料需用量计划表

材料计算完成后，在施工的过程中即可根据施工的进度及工程具体情况，在月度作业计划中编制材料需用量计划表，提交材料计划。见表6-5-2。

材料需用量表 ____年____月　　表6-5-2

建设单位及单位工程名称	材料名称	型号规格	数量	单位	计划需用日期	平衡供应日期	备注

6.5.4 工作量计算

工作量即一段时间（如一个月）完成的工程总量。是以货币形式来表示建筑安装工程数量。

本节计算的方法是在工程量清单计价的基础上，利用施工组织设计和其他有关资料，计算出本月实物工程量，最后根据工程量清单计价的计算规则计算出工作量。

（1）工作量计算方法及步骤

1）熟悉施工图、工程量清单计价的计算规则、施工组织设计和其他相关资料。

2）工程项目的划分，根据施工图和施工方法，按工程量清单计价的定额项目划分，并按顺序排列。

3）计算实物工程量

工程量计算应按工程量清单计价定额规定的工程量计算规则进行。计量单位必须和工程量清单计价定额一致。

4）套工程量清单定额

将所计算的工程量及相应的已列的工程子目和计量单位，按工程量清单计价定额的顺序排列，填写在工作量计算各分部工程的定额消耗量基价计算表中。其顺序排列、填写方法，除因施工需要分施工段分别填写工程量外，其他均与传统施工图预算基本相同。

按所排列工程项目名称，套用工程量清单计价定额相应的项目，将各工程项目的工程量乘以相应定额，逐项计算其人工、材料和机械台班需用量，并填入表中，根据实际单项工程量计算该项定额消耗量。

5）计算直接工程费

将定额消耗量基价计算表中所有项目合计，首先按分部工程、然后再按单位工程将消耗的人工（分工种）、材料（分规格型号）、机械台班加以汇总，求出总的需求量，并填入人工、材料、机械汇总表，计算本月直接工程费。

6）计算费用和安装费用合计

根据施工的约定费率进行费用计算及安装费用合计，合计结果即本月建安工作量。计算结束后将结果填入月度作业计划的相应表格内。

（2）工作量计算实例

1）工程概况

某网络公司承揽北京市新建某住宅小区一幢公寓大楼的综合布线系统工程，该公寓为16层建筑，每层6户。公寓内基础施工已经完成，所有走线管、预埋盒全部安装完毕，管道内已预留穿线钢丝。

2）施工要求

每户安装数据插座1个、电话插座3个，所用信息插座均采用单口墙面安装形式，电话和数据端口的功能可以实现互换，主配线间设在第8层，在配线间内需安装机架、配线架、跳线架等。进入该公寓的市话大对数电缆由电信局敷设，其中还包括跳线架入端电缆以及与用户之间跳线的连接。

3）使用器材及安装方式

① 五类 UTP 双绞线（4 对以内）65 箱（305m/箱）室内穿管安装。

② 1m 壁挂式机架　3 台

③ 48 口配线架　2 条。

④ 200 对跳线架　6 条。

⑤ 单口信息插座　384 个。

⑥ 4 对跳块　288 个。

⑦ RJ45 跳线　96 条。

⑧ 双绞线缆测试　链路（信息点）。

4）其他说明

① 施工地点距施工单位小于 25km。

② 操作高度小于 5m。

③ 措施费综合取定为人工费的 40%。

④ 间接费：企业管理费为人工费的 50%，规费综合取定为人工费的 20%。

⑤ 利润为人工费的 60%。

⑥ 税金 =（直接费 + 间接费 + 利润）×3.41%。

5）计算建安工作量

本工程是在基础施工已经完成，所有走线管、预埋盒全部安装完毕的基础上进行的，工程量已由使用器材项给出，基本不需要重新计算。使用工程量清单计价的报价方法在工程招标时，已将分项工程的单价计算出，工程结算时，单价是不能再调整的。下面以综合布线工程为例，简单介绍采用工程量清单计价，计算分项工程单价的方法。

① 定额消耗量基价计算（表 6-5-3 和表 6-5-4）。

定额消耗量基价计算表　　表 6-5-3

定额编号					13-1-1	13-1-134	13-1-18	13-1-14
项目名称					五类 UTP 双绞线（4 对以内）（100m）	1m 壁挂式机架/台	48 口配线架	200 对跳线架
预算基价/元					71.76	211.19	252.58	208.95
其中	人工费/元				65.00	205.00	230.00	190.00
	材料费/元				2.84	6.19	0.82	0.82
	机械费/元				—	—	21.76	18.13
	仪器仪表费/元				3.92	—	—	—
名称		代号	单位	单价（元）	数量			
人工	综合工日		工日	50.00	1.30	4.10	4.6	3.80
材料	镀锌钢丝 8 号、12 号		kg	4.10	0.2	—	—	—
	塑料护口（钢管）15		个	0.50	4.04	—	—	—
	膨胀螺栓 M12		套	1.35	—	4.08	—	—
	棉纱头		kg	6.80	—	0.10	—	—
	螺栓 M5		套	0.20	—	—	4.08	4.08
机械	双绞线缆压接工具 788J1/788M1		台班	18.13	—	—	1.20	1.00
仪器仪表	数字万用表 PS-56		台班	3.71	0.10	—	—	—
	对讲机 C15		台班	3.55	1.00	—	—	—

定额消耗量基价计算表　　表 6-5-4

定额编号					13-1-20	13-1-22	13-1-11	13-1-30
项目名称					单口信息插座	4对跳块	RJ45跳线	双绞线缆测试
预算基价/元					3.00	0.68	6.14	15.28
其中	人工费/元				3.00	0.50	5.00	8.00
	材料费/元				—	—	—	—
	机械费/元				—	0.18	0.54	—
	仪器仪表费/元				—	—	0.60	7.28
	名称	代号	单位	单价/元	数量			
人工	综合工日		工日	50.00	0.01	0.01	0.10	0.16
机械	双绞线缆压接工具 78J1/788M1		台班	18.13	—	0.01	—	—
	双绞线缆压接工具 R345		台班	18.13	—	—	0.03	—
仪器仪表	导通测试仪 TEXE. ALL. IV		台班	15.09	—	—	0.04	—
	五类线测试仪 DSP-100		台班	69.22	—	—	—	0.10
	对讲机 C15		台班	3.55	—	—	—	0.10

② 直接工程费预（结）算表（表6-5-5）。

③ 计算费用和安装工作量合计表（表6-5-6）。

直接工程费预（结）算表　　表 6-5-5

序号	定额编号	项目名称	预算基价/元	单位	数量	预算合计				
						人工费	材料费	机械费	仪器仪表费	总计
1	13-1-1	五类 UTP 双绞线（4 对以内）	71.76	100m	198.25	12886.25	563.03	—	777.14	14226.42
2	13-1-134	1m 壁挂式机架	211.19	台	3	615.00	18.57	—	—	633.57
3	13-1-18	48 口配线架	252.58	条	2	460.00	1.64	43.52	—	505.16
4	13-1-14	200 对跳线架	208.95	条	6	1140.00	4.92	108.78	—	1253.70
5	13-1-20	单口信息插座	3.00	个	384	1152.00	—	—	—	1152.00
6	13-1-22	4 对跳块	0.68	个	288	144.00	—	51.84	—	195.84
7	13-1-11	RJ45 跳线	6.14	条	96	480.00	—	51.84	57.60	589.44
8	13-1-30	双绞线缆测试	15.28	链路	38.4	3072.00	—	—	2795.52	5867.52
						19949.25	588.16	255.98	3630.26	24423.65
直接工程费合计：24423.65										

计算费用和安装工作量合计表　　表 6-5-6

序号	项　目		计费基础	费率（%）	合计/元
1	直接工程费		其中：人工费 19949.25 元	—	24423.65
2	措施费		人工费	40	7979.70
3	间接费	管理费	人工费	50	9974.63
		规费	人工费	20	3989.85
4	利润		人工费	60	11969.55
5	税金		(1)+(2)+(3)+(4)	3.41	1989.30
6	安装工程费合计		(1)+(2)+(3)+(4)+(5)	—	60326.68

附　录

常用电工计算公式表　　　附表 1

名　称	公　式	说　明
电流	$I=Q/t$	Q——电量（C） t——时间（s）
电阻	$R=\rho(l/S)$	ρ——（$\Omega\cdot mm^2/m$） l——长度（m） S——面积（mm^2）
电导（又称西门子）	$G=1/R$	G 电平（$1/\Omega$）
温度为 t_1（℃）时的电阻	$R_t=R_0[1+\alpha(t_1-t_0)]$	R_0——温度 t_0 时的电阻值 α——材料的电阻温度系数 t_0——一般指 20℃
欧姆定律	$I=U/R$	U——电阻两端的电压（V） I——流过电阻中的电流（A）
全电路欧姆定律	$I=E/(R+r)$	E——电源电动势（V） r——电源内阻（Ω） R——负载电阻（Ω）
电功	$A=UIt$	U——电压（V） I——电流（A） t——时间（s）
电功率	$P=UI=U^2/R=I^2R$	U——电压（V） I——电流（A） P——电功率（W）
电能	$A=Pt$	P——电功率（kW） t——时间（h）

续表

名　称	公　式	说　明
电阻串联的总阻值	$R=R_1+R_2+R_3$	R_1、R_2、R_3——电阻值（Ω）
电阻并联的总阻值	$R=1/(1/R_1+1/R_2+1/R_3)$	R_1、R_2、R_3——电阻值（Ω）
电流热效应焦耳楞次定律	$Q=0.24I^2Rt$	I——电流(A) R——电阻(Ω) t——时间(s) Q——热量(cal)
频率	$f=1/T$	T——周期（s） f——频率（Hz）
角频率	$\omega=2\pi f=2\pi/T$	ω——角频率（rad/s）
有效值	$E=E_m/\sqrt{2}$ $I=I_m/\sqrt{2}$ $U=U_m/\sqrt{2}$	E——电动势有效值（V） E_m——电动势最大值（V） U_m——电压最大值（V） I_m——电流最大值（A） I——电流有效值（A） U——电压有效值（V）
电容	$C=Q/U$	Q——电荷量（C） U——电容器两端的电压（V）
电容器串联的总值	$C=1/(1/C_1+1/C_2+1/C_3)$	C——电容（F） C_1、C_2、C_3——电容（F）
电容器并联的总值	$C=C_1+C_2+C_3$	C_1、C_2、C_3——电容（F）
感抗	$X_L=\omega L=2\pi fL$	X_L——感抗（Ω） L——电感（H） f——频率（Hz） ω——角频率（弧度/s）
容抗	$X_C=\frac{1}{\omega C}=\frac{1}{2\pi fC}$	C——电容(F) X_C——容抗(Ω)

续表

名　称	公　式	说　明
电阻、电感串联的总阻抗	$Z=\sqrt{R^2+X_L^2}$	R——电阻（Ω） X_L——感抗（Ω）
电阻、电感、电容串联的总阻抗	$Z=\sqrt{R^2+(X_L-X_C)^2}$	Z——阻抗（Ω）
交流电的有功功率	$P=UI\cos\varphi$	U——电压有效值（V） I——电流有效值（A） $\cos\varphi$——功率因数 φ——相位差
交流电的无功功率	$Q_L=U_LI$ $Q_C=U_CI$	U_L——电感压降（V） U_C——电容压降（V） I——电流（A）

电工测量仪表常用符号表　　附表 2

名　称	符　号	名　称	称　号
千安	kA	乏尔	var
安培	A	兆赫	MHz
毫安	mA	千赫	kHz
微安	μA	赫兹	Hz
千伏	kV	兆欧	MΩ
伏特	V	千欧	kΩ
毫伏	mV	欧姆	Ω
微伏	μV	毫欧	mΩ
兆瓦	MW	微欧	μΩ
千瓦	kW	相位角	φ
瓦特	W	功率因数	$\cos\varphi$
兆乏	Mvar	无功功率因数	$\sin\varphi$
千乏	kvar	亨	H
库仑	C	毫亨	mH
毫韦伯	mWb	微亨	μH
微法	μF	摄氏温度	℃
皮法	pF		

电工常用英寸与毫米换算表　附表3

英寸		毫米		英寸		毫米	
英寸	称呼	实际	简称	英寸	称呼	实际	简称
1/32in	2厘5	0. 79	1	8in	8英寸	203. 20	200
1/16in	5厘(半分)	1. 59	1. 5	9in	9英寸	228. 60	225
3/32in	7厘5	2. 38	2. 0	10in	10英寸	254. 00	250
1/8in	1分	3. 17	3	11in	11英寸	279. 41	275
5/32in	1分2厘5	3. 97	4	12in	12英寸	304. 81	300
3/16in	1分半	4. 76	5	$13^1/_2$in	13英寸半	342. 73	338
1/4in	2分	6. 35	6	14in	14英寸	355. 61	350
5/16in	2分半	7. 94	8	16in	16英寸	406. 41	400
3/8in	3分	9. 52	10	18in	18英寸	457. 21	450
1/2in	4分	12. 7	13	20in	20英寸	508. 01	500
5/8in	5分	15. 87	16	22in	22英寸	558. 82	550
3/4in	6分	19. 00	19	24in	24英寸	609. 62	600
1in	1英寸	25. 4	25	26in	26英寸	660. 42	650
$1^1/_4$in	1英寸2	31. 7	32	28in	28英寸	711. 22	700
$1^1/_2$in	1英寸半	38. 1	38	30in	30英寸	762. 02	750
2in	2英寸	50. 8	50	32in	32英寸	812. 83	800
$2^1/_2$in	2英寸半	63. 5	63	34in	34英寸	863. 63	850
3in	3英寸	76. 2	75	36in	36英寸	914. 43	900
$3^1/_2$in	3英寸半	88. 8	90	38in	38英寸	965. 23	950
4in	4英寸	101. 59	100	40in	40英寸	1016. 03	1000
5in	5英寸	127. 00	125	48in	48英寸	1219. 24	1200
6in	6英寸	152. 40	150	56in	56英寸	1422. 45	1400
7in	7英寸	177. 80	175				

安全用具的试验周期和标准表　　附表 4

安全用具名称	适用电压等级(kV)	电气试验标准				试验周期	检查内容
		耐压试验(kV)	加压试验持续时间(min)	泄漏电流			
				(mA/kV)	(mA)		
绝缘杆	35及以下	线电压的三倍但不低于40	5	—	—	每年一次	每三个月检查一次确定机械强度，表面不能有损坏和裂纹
绝缘手套	各种电压	8	1	1.125	9	六个月一次	试验前要仔细检查，三个月擦拭一次
绝缘靴	各种电压	15	1	0.5	7.5	六个月一次	试验前要仔细检查，三个月擦拭一次
绝缘鞋	1及以下	3.5	1	0.5	2	—	试验前要仔细检查，三个月擦拭一次
橡皮垫及橡皮毯	1以上及以下	15 5	以2~3cm/s的速度拉过	1 1	15 5	两年一次	检查有无破洞、裂纹损坏，两个月清洗一次

续表

安全用具名称	适用电压等级（kV）	电气试验标准				试验周期	检查内容
		耐压试验（kV）	加压试验持续时间（min）	泄漏电流			
				（mA/kV）	（mA）		
绝缘站台	各种电压	40	2	—	—	三年一次	三个月检查一次，进行清洗擦拭
绝缘柄工具	低压	3	1	—	—	六个月一次	每次使用前应仔细检查是否完整，有无开裂等缺陷

注：1. 电气安全用具应该正确选用（如电压等级），正确使用，正确存放和专人管理。制定安全用具的管理制度。

2. 每次使用前要做认真的检查，使用后要擦拭干净。

常用国内标准代号　　附表 5

标准代号	含　义	标准代号	含　义
GB	国家标准	YB	原冶金工业部标准
GBJ	国家标准（工程建设方面）	SY	原石油工业部标准
GB/T	国家标准（推荐性）	SYJ	原石油工业部标准（工程建设方面）
SJ	原电子工业部标准	HG	原化学工业部标准

续表

标准代号	含　义	标准代号	含　义
JB	原机械工业部标准	QB	原轻工业部标准
JBJ	原机械工业部标准（工程建设方面）	SC	原农牧渔业部标准（水产方面）
JB/T	原机械工业部标准（推荐性）	LY	原林业部标准
SB	原商业部标准	WS	卫生部标准
SBJ	原商业部标准（工程建设方面）	JGJ	原城乡建设环境保护部标准（工程建设方面）
GN	公安部标准	DZ	原地质矿产部标准
JC	国家建材局标准	FJ	原纺织工业部标准
JJ	原城乡建设环境保护部标准	JJG	国家计量检定规程
MT	原煤炭工业部标准	GYJ	原广播电影电视部标准
JTG	交通运输部标准	TJ	全国通用建筑设计标准
TB	铁道部标准	NDGJ	原能源部标准
SD	原水利电力部标准	CECS	中国工程建设标准化委员会推荐性标准
SDJ	原水利电力部标准（工程建设方面）	ZB	专业标准
YD	原邮电部标准	HKQAA	香港品质保证局

常用国际及国外标准代号　　附表6

标准代号	名　称	标准代号	名　称
IEC	国际电工委员会	JEUS	日本电气事业联合会标准
ISO	国际标准化组织标准	CES	日本通信机械工业会标准
BIPM	国际计量局	ISA	国际标准化协会标准
CEC	欧洲共同体委员会	IEEE	国际电气及电子工程师学会
CEE	国际电气设备合格认证委员会	ITU	国际电信组织
CENEL	欧洲电气标准协调委员会	CIE	国际照明委员会
CISPR	国际无线电干扰特别委员会	CCIR	国际无线电咨询委员会
EN	欧洲标准化委员会标准	ETSI	欧洲电信标准学会
NATO	北大西洋公约组织	ANSI	美国国家标准
CTCSB	经互会标准	ASTM	美国试验与材料协会标准
BS	英国国家标准	CSK	朝鲜国家标准
BSI	英国标准学会	ГОСТ	前苏联国家标准
IEE	英国电气工程师协会	MSZ	匈牙利国家标准
LR	英国劳埃德船级社规范	DIN	德国国家标准
		NF	法国国家标准
JIS	日本工业标准	UTE	法国电工联合会标准
JEAC	日本电气协会标准	SNV	瑞士国家标准
JEC	日本电气学会标准	SEV	瑞士电工协会标准
JEM	日本电机工业会	CSA	加拿大国家标准

续表

标准代号	名称	标准代号	名称
AS	澳大利亚国家标准	UNI	意大利国家标准
AIQS	澳大利亚预算师学会	NP	葡萄牙国家标准
IS	印度国家标准	UNE	西班牙国家标准
NEN	荷兰国家标准	NS	挪威国家标准
SIS	瑞典国家标准	KS	韩国国家标准
STAS	罗马尼亚国家标准	SS	新加坡国家标准
BДC	保加利亚国家标准	TIS	泰国国家标准
PN	波兰国家标准		

电气安装工程施工及验收规范及标准　附表 7

标准规范编号	标准规范名称	被代替编号
GBJ 93—1986	工业自动化仪表工程施工及验收规范	
GBJ 131—1990	自动化仪表安装工程质量检验评定标准	TJ 308—1977
GBJC147—1990	电气装置安装工程高压电器施工及验收规范	GBJ 232—1982
GBJ 148—1990	电气装置安装工程电力变压器、油浸电抗器、互感器施工及验收规范	GBJ 232—1982
GBJ 149—1990	电气装置安装工程母线装置施工及验收规范	GBJ 232—1982
GB 50150—2006	电气装置安装工程电气设备交接试验标准	GBJ 232—1982
GB 50166—1992	火灾自动报警系统施工及验收规范	

续表

标准规范编号	标准规范名称	被代替编号
GB 50168—1992	电气装置安装工程电缆线路施工及验收规范	GBJ 232—1982
GB 50169—1992	电气装置安装工程接地装置施工及验收规范	GBJ 232—1982
GB 50170—1992	电气装置安装工程旋转电机施工及验收规范	GBJ 232—1982
GB 50171—1992	电气装置安装工程盘、柜及二次回路结线施工及验收规范	GBJ 233—1981
GB 50172—1992	电气装置安装工程蓄电池施工及验收规范	GBJ 232—1982
GB 50173—1992	电气装置安装工程 35kV 及以下架空电力线路施工及验收规范	GBJ 232—1982
GB 50194—1993	建设工程施工现场供用电安全规范	
GBJ 233—1990	110 ~ 500kV 架空电力线路施工及验收规范	GBJ 232—1982
GB 50254—1996	电气装置安装工程低压电器施工及验收规范	GBJ 232—1982
GB 50255—1996	电气装置安装工程电力变流设备施工及验收规范	GBJ 232—1982
GB 50256—1996	电气装置安装工程起重机电气装置施工及验收规范	GBJ 232—1982
GB 50257—1996	电气装置安装工程爆炸和火灾危险环境电气装置施工及验收规范	GBJ 232—1982

续表

标准规范编号	标准规范名称	被代替编号
GB 50303—2002	建筑电气工程施工质量验收规范	GBJ 303—1988 GB 50258—1986 GB 50259—1996
GB/T 50312—2000	建筑与建筑群综合布线系统工程验收规范	
GB 50310—2002	电梯工程施工质量验收规范	GBJ 310—1988 GB 50182—1993
JGJ 46—2005	施工现场临时用电安全技术规范	
GB 50319—2000	建筑工程监理规范	

参考文献

[1] 唐定曾，唐海，朱相尧. 建筑电气技术. 北京：机械工业出版社，2004.

[2] 韩实彬. 电气工长. 北京：机械工业出版社. 2007.

[3] 陆荣华，史湛华. 建筑电气安装工长手册. 北京：中国建筑工业出版社，1998.

[4] 田敏霞　张峰峰　朱磊. 电气工长. 北京：机械工业出版社，2005.

[5] 徐第　孙俊英. 怎样编制电气设备安装工程预算. 北京：中国电力出版社，2005.

[6] 中国室内装饰协会施工专业委员会智能化委员会. 智能家居原理与设计. 2004.

[7] 建筑电气工程施工质量验收规范 GB 50303—2002. 北京：中国计划出版社，2002.

[8] 电气装置安装工程高压电器施工及验收规范 GBJ 147—1990. 北京：中国计划出版社，1991.

[9] 电气装置安装工程电缆线路施工及验收规范 GB 50168—1992. 北京：中国计划出版社，1992.

[10] 电气装置安装工程盘、柜及二次回路结线施工及验收规范 GB 50171—1992. 北京：中国计划出版社，1993.

[11] 电气装置安装工程低压电器施工及验收规范 GB 50254—1996. 北京：中国计划出版社，1996.